U0295060

中国规划机构70年演变

兼论国家空间规划体系

李浩 著

中国建筑工业出版社

图书在版编目（CIP）数据

中国规划机构70年演变：兼论国家空间规划体系/李浩著.
北京：中国建筑工业出版社，2019.4
ISBN 978-7-112-23349-6

Ⅰ.①中… Ⅱ.①李… Ⅲ.①城市规划-组织机构-研究-中国
Ⅳ.①TU984.2-24

中国版本图书馆CIP数据核字（2019）第033414号

2018年党和国家机构改革以来，我国规划机构与规划体系正在经历一场重大的调整与变化。本书从规划历史研究的角度，对我国规划机构与规划体系的建立、发展和演化进行了较为系统的梳理，披露了一批珍贵史料，揭示了若干历史规律，并对国家空间规划体系的构建提出多项政策建议。

本书可供国家发展改革、自然资源和城乡建设等部门的各级领导干部和管理人员阅读借鉴，广大城市规划、空间规划及相关规划工作者学习了解，以及中华人民共和国史、城市史、建筑史和城市规划史研究参考。

责任编辑：李　鸽　　陈小娟
书籍设计：付金红
责任校对：王雪竹

中国规划机构70年演变
兼论国家空间规划体系
李　浩　著

*

中国建筑工业出版社出版、发行（北京海淀三里河路9号）
各地新华书店、建筑书店经销
北京雅盈中佳图文设计公司制版
大厂回族自治县正兴印务有限公司印刷

*

开本：880×1230毫米　1/32　印张：5¼　字数：124千字
2019年4月第一版　2019年12月第二次印刷
定价：35.00元
ISBN 978-7-112-23349-6
（33630）

前 言

2018 年党和国家机构改革方案出台以来，中国的规划界（包括国民经济和社会发展规划、城乡规划、国土规划、主体功能区规划和环保规划等在内）已经发生并仍在发生着一场前所未有的大变局：中央、省级和市县层面的机构调整方案陆续出台并逐步实施，与之相关的国家规划体系及有关技术规范和标准体系也正在紧锣密鼓地研究和制订过程中，更深层次的与规划体系相关的法律、法规体系的整合与修订工作也已列入有关部门的立法计划……这样的变局，即便从历史的角度看，也是十分罕见的。

这场规划格局之变，主要是由规划机构调整所引发并主导，进而引发规划系统的全方位变化。涉及其中的，并非少数部门或个别单位，而是全国上下的各领域和各系统。置身于规划系统中的每一分子，上至领导干部，下至普通员工，乃至尚未步入职场的莘莘学子，都能强烈感受到规划格局之变对于自身工作和利益的种种潜在影响。大家或是疑惑，或是彷徨，或感烦恼，抑或有喜悦。

那么，未来的规划格局最终将走向何方？新的空间规划体系将是何种面貌？这无疑是人人关心的重要命题。近一年来，政府有关部门和相关学术机构已经组织了大量学术研讨会议和意见征询活动，各领域的专家学者也纷纷各抒己见，由此，我们也可对中国规划格局的未来走向作出一些预测或研判。作为一名从事规划工作的研究人员，笔者也和许多规划工作者一样，关注并期盼着未来规划格局早日明朗化。同时，也隐约感到：对于我国规划机构与规划体系的历史发展与演变情况，目前似乎还关注较少，甚至无所讨论。这大概是城市规划历史与理论研究的滞后所致。“欲知大道，必先为史”（龚自珍）。未来规划格局走向的研判，国家空间规划体系的合理重构，必然需要建立在对历史情况充分了解及对历史规律深刻洞察的基础之上。作为规划史研究者，自然也十分希望能够把我们所掌握的一些历史情况（哪怕只是一些信息或线索）与大家分享。

正是基于这样的初衷，受部分同行的建议及中国建筑工业出版社编辑李鸽博士的邀约，笔者对近年来从事中国当代城市规划史研究工作中与规划机构和规划体系演变问题有关的部分史料和研究体会加以整理，形成“规划机构演变”“城市规划术语定名”“规划体系演变”和“改革开放初期历史经验”四个方面的专题讨论[①]，汇编成这样一本小书，期望能够给广大读者带来些许启发或思考。

必然，国家规划机构的调整和规划体系的构建属于十分复杂、宏大而又敏感的重大命题，甚至超越了科学技术研究的范畴，而笔者关于中国规划史的研究工作尚处于起步期，有关讨论内容也很狭窄，本书的局限性是显然的。尽管如此，笔者仍愿作出一些努力和尝试。

最后，要特别郑重声明：本书有关讨论纯属个人观点，不代表所在单位及所属部门的立场或态度。本项研究中曾得到许多专家学者的指教，中央档案馆、住房城乡建设部及国家发改委等档案部门给予大力支持，恕不一一列出。期望广大读者给予批评指正。

2019年1月3日于北京

---

① 住房和城乡建设部科学技术项目“中国当代城市规划科学史（第二期）”（编号：2017-R2-005）

对本书的有关意见和建议敬请反馈至：jianzu50@163.com

目录

第1章

我国规划机构的建立及发展过程

在广泛查阅大量档案资料的基础上，对新中国成立初期国家规划机构的建立和发展过程进行了梳理。新中国成立初期在大规模工业化建设的时代背景下，国家规划机构应运而生并不断调整，总体上呈现出不断加强和升格的基本趋势，同时一些部门体制方面的制约性矛盾也长期存在。从历史认知的角度，城市规划在未来国家空间规划体系中将发挥其重要使命，规划与建设的协作配合以及国家规划设计与科学研究机构的建设将是影响事业可持续发展的关键环节。

1.1 引言

自党的十九届三中全会作出深化党和国家机构改革的重大决策以来，关于国家空间规划体系的构建已成为规划行业乃至全社会广泛热议的一个重要话题，由于改革力度空前、规划机构面临重大调整以及未来规划格局尚不明晰等原因，不少规划人员对职业发展趋向产生困惑：中国的城市规划发展路径是什么样的？城市规划在未来的空间规划体系中将扮演何种角色？规划体系的变革会对规划师群体的实际工作产生何种影响？……当我们对未来的前景产生迷茫时，一个重要的解惑途径正在于对历史的回望，因为今日的规划格局乃过去的规划发展之延续，而历史的发展在很多情况下又体现出惊人的相似。

基于这样的认识，本章尝试对新中国成立初期国家规划机构的建立及发展变化情况作一初步梳理，或许可以对当前国家空间规划体系相关问题的认识有所启发。当然，在严格意义上，规划机构包括不同的层级与类型，本章的讨论仅限于国家层面规划机构的讨论，并侧重于城市规划建设方面的内容。

1.2 前中财委时期：国家规划机构的初步建立（1949~1952 年）

1949 年 10 月 1 日中华人民共和国成立后，面临的是一个大片国土尚未解放、经济力量极为薄弱、社会仍较动荡、战争威胁仍较突出的局面，新生的人民政权亟待巩固。为此，国家进行了大约三年的国民经济恢复和整顿。

在这一时期，城市规划建设工作尚未成为国家层面的主导性事务，相关的行政管理职能主要是由中央人民政府政务院财政经济委员会（以下简称中财委）计划局下所设基本建设计划处[①]（其下又设国民经济计划组和城市建设组）承担。从工作内容来看，早期的规划管理工作更偏重于对城市规划建设活动的一些方针政策的引导。

在这一时期，全国各地区的城市规划工作尚未普遍展开，个别城市少量的规划活动更多地具有自发开展的特点，并体现出延续近代传统的一些技术特征，这也鲜明地表现在规划机构的名称上——北京、上海等城市的规划机构大都沿用近代所使用的“都市计划委员会”名称。

随着国民经济恢复与整顿的逐步推进，城市建设活动混乱无序因而需要加强行政领导的问题日益突出。1951 年 5 月，著名建筑专家梁思成即向国家有关部门明确提出“建议政务院筹设一中央级的营建领导机构，统一设计规划全国都市计划和建筑物的营建。”[②]

---

① 中财委计划局下设有：综合计划处、财政金融计划处、贸易计划处、重工业计划处、燃料工业计划处、轻工业计划处、地方工业计划处、农业计划处、交通运输计划处、物资供应计划处、统计处和基本建设计划处。
资料来源：中华人民共和国中央政府机构（1949—1990 年）[M]. 北京：经济科学出版社，1993：157—158.

② 1951 年 5 月，国家有关部门派员去梁思成先生家中探望，梁先生发表意见：“目前全国建筑工作是混乱的，以首都来说，各大单位有工程处、修建处或公司，据我所知总在十个单位以上，水平不一，各行其是，甚至互相挖墙角，用高工资搜罗建筑人才，领导上（指业主）对建筑学不熟悉，因此盲目相信工程师，返工、浪费现象是很普遍的，造成国家人民不小的损失。北京市虽有都市计划委员会之组织，我忝为负责人之一，但人力不足，各方面又大都是中央机关，我们只可建议，接受与否就不敢过问了。甚至最近有郑州、石门、济南等地来找都市计划委员会解决问题，更非我们力所能及”。为此，梁先生明确提出：“建议政务院筹设一中央级的营建领导机构，统一设计规划全国都市计划和建筑物的营建；规定一定的标准和规格；统筹分配建设人才；掌握建筑材料。名称可听便，或曰营建部，如太大，可叫做营建计划委员会，内设四个部门：一、设计规划；二、建筑材料；三、都市及建筑的标准和规格；四、调查研究，整理资料。”
资料来源：王拓．梁思成夫妇谈需成立统一的中央及修建领导部门（1951 年 5 月 26 日）[Z]. 中财委档案，中央档案馆，案卷号：G128-2-117.
转引自：中国社会科学院、中央档案馆．1949-1952 中华人民共和国经济档案资料选编（基本建设投资和建筑业卷）[M]. 北京：中国城市经济社会出版社，1989：398.

自 1952 年初开始，国民经济的恢复趋于完成，第一个“五年计划”的各项准备工作在即，在此情况下，国家建筑和规划机构的建立问题逐渐被提到议事日程。1952 年 3 月 31 日，中财委副主任李富春给军委总后勤部的函件称：“中央已决定以营房管理部为基础建立中央建筑（工程）部，在中央人民政府未通知前，暂以中央总建筑处的名义进行工作”；中央总建筑处于 4 月 8 日正式开始办公。8 月 7 日，中央人民政府委员会第十七次会议决定成立中央人民政府建筑工程部；8 月 24 日，中财委发布成立建筑工程部的命令（〔52〕财经秘字第 31 号），随令转发由政务院颁发的一枚印文为“中央人民政府建筑工程部”的铜制方印。[①]

经过前期的紧张筹备，建筑工程部（以下简称建工部）于 1952 年 9 月 1 日正式办公。[②] 在正式办公的第一天，建工部即以中财委的名义 [③] 组织召开了首次全国城市建设座谈会。座谈会由中财委副秘书长周荣鑫（后被任命为建工部副部长）主持，于 9 月 9 日结束，来自华东、华北、中南、东北、西南和西北 6 个行政大区的财委以及北京、天津、上海、沈阳、武汉、成都、重庆和西安等 11 个城市共 23 名代表参加了会议。这次座谈会对新中国成立初期的城市规划建设工作进行了充分的讨论和酝酿，9 月 9 日的会议总结中提

---

① 《住房和城乡建设部历史沿革及大事记》编委会 . 住房和城乡建设部历史沿革及大事记 [M]. 北京：中国城市出版社，2012：3-6.

② 《住房和城乡建设部历史沿革及大事记》编委会 . 住房和城乡建设部历史沿革及大事记 [M]. 北京：中国城市出版社，2012：6.

③ 当时建工部隶属中财委领导。同样受中财委领导的还有重工业部、燃料工业部、纺织工业部、铁道部等诸多部门。

出“中央考虑应成立城市建设局，放在中央财委。”① 这一提议后被写入建工部党组于同年 10 月 6 日向中财委提交的《建筑工程部党组关于城市建设座谈会的报告》②，该报告于当月获得中财委党组及中央的批复同意。③

同样是在建工部正式办公的第一天，第三次部务会议④ 修正通过建工部的组织机构方案，部内共设六司、一局和一厅等（图 1–1），其中的一局即城市建设局（以下简称建工部城建局），由此也可从一个侧面显见城建局地位之独特。然而，城建局的建立也绝非易事，在 1952 年 9 月准备成立之后、1953 年 3 月正式成立之前，经历了一个较长的筹备时期，而筹备的具体工作则是以中财委计划局基建处的相关工作为基础。据此后分别担任建工部城建局局长和副局长的孙敬文、贾震于 1953 年 2 月 4 日所写的一份《城市建设局两个月工作的基本总结》：

城市建设工作一九五二年十二月以前在中财委基建处，当时局内仅有十七、八个工作人员。十一月初决定一部分同志到［北京市］都委会去参加工作，同时派二人随中财委协同苏联专家先后到了天津、沈阳、鞍山、哈尔滨等城市，并听了太原和齐齐哈尔的汇报。十二月初城市建设工作由中财委移到城市建设局，这时陆续增加几

---

① 在中财委召集的城市建设座谈会上的总结（摘要）——中央人民政府政务院财政经济委员会副秘书长周荣鑫 [R]// 城市建设部办公厅 . 城市建设文件汇编（1953-1958）. 北京，1958：30-39.

② 该报告中提出：“为统一城市建设工作的计划与技术指导，拟暂在中央建筑工程部下设立城市建设局。”

③ 周荣鑫，宋裕和 . 建筑工程部党组关于城市建设座谈会的报告（1952 年 10 月 6 日）[M]// 中国社会科学院，中央档案馆 . 1949-1952 中华人民共和国经济档案资料选编（基本建设投资和建筑业卷）. 北京：中国城市经济社会出版社，1989：613-615.

④ 在建工部筹备过程中已召开过两次部务会议。

中央人民政府建筑工程部内设机构图（1952 年）

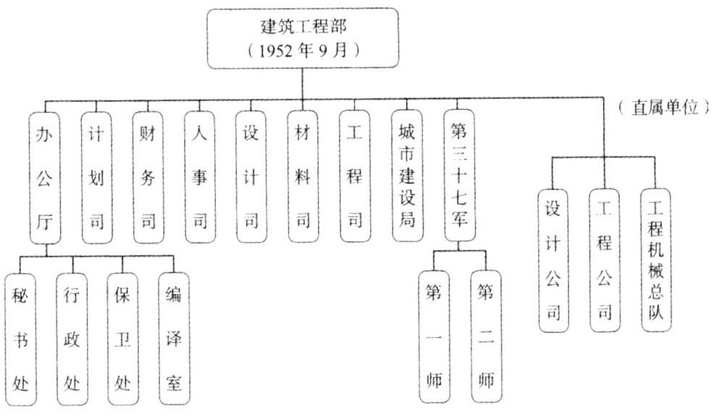

图 1-1　建筑工程部内设机构图（1952 年）

资料来源：《住房和城乡建设部历史沿革及大事记》编委会．住房和城乡建设部历史沿革及大事记 [M]. 北京：中国城市出版社，2012：7.

个老干部。在这期间作了以下几项工作：参加了一次中南区城市建设会议；听了北京、上海、西安、郑州、包头、石家庄、邯郸等市的汇报；搜集了兰州等几个城市的材料，并进行了或正在进行研究；在专家的帮助下初步确定了富拉尔基、西安、石家庄等城市的几个工厂的工人住宅区的位置；初步研究了沈阳、鞍山、天津、西安、兰州、富拉尔基、石家庄、郑州等市的规划工作。

此外，初步的研究与草拟了本局的机构和编制。

这几个月工作是在中财委基建处的工作基础之上建立起来的；是在缺乏经验、缺乏干部的情况下进行的；在［苏联］专家忘我无私的帮助之下全体干部边学边作的。①

由上面这段简要总结也不难理解，尽管建工部城建局采用的机构名称是“城市建设局”而非“城市规划局”，但是其核心的工作

① 孙敬文，贾震．城市建设局两个月工作的基本总结（1953 年 2 月 4 日）[Z]. 建筑工程部档案．

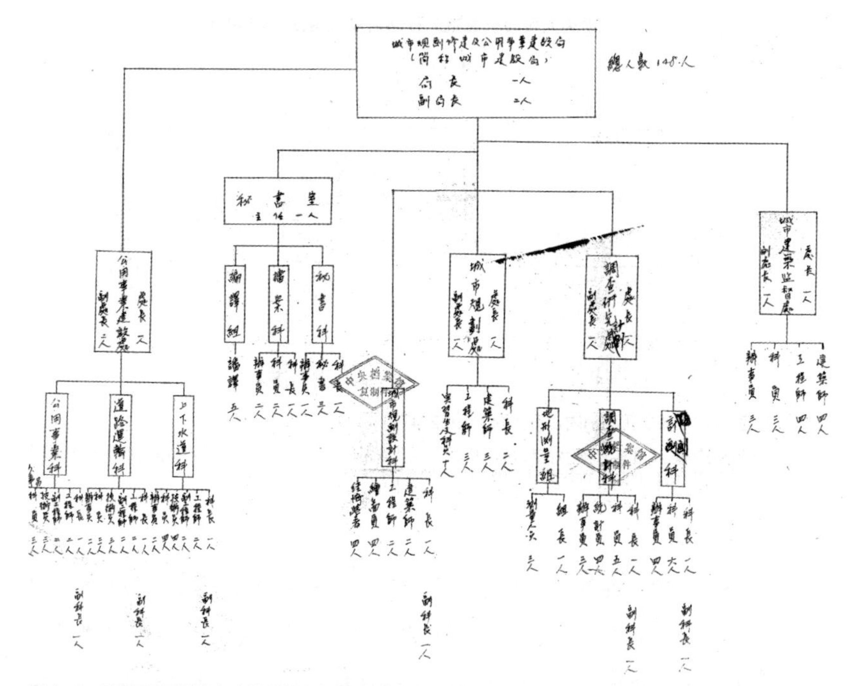

图 1-2　建筑工程部城市建设局组织机构图（1953 年初）
资料来源：关于城市建设组织机构的初步意见 [Z]. 建筑工程部档案 .

显然正是城市规划。另外，在城建局成立之初的一份机构设置档案也清楚地表明，所谓“城市建设局”是“城市规划修建及公用事业建设局”的简称，城市规划正是其核心和主导业务（图 1–2）。换言之，建工部城建局也就是较正式意义上的我国最早的国家规划机构。

在建工部城建局的筹建过程中，1952 年 11 月 15 日，中央人民政府委员会第 19 次会议决定成立国家计划委员会（以下简称国家计委），任命高岗为国家计委主席，邓子恢为副主席。[①] 政务院总理

① 中华人民共和国国民经济和社会发展计划大事辑要（1949–1985）[M]. 北京：红旗出版社，1987：31.

在向中央人民政府委员会的报告中指出，国家要实行五年计划建设，需要有一个机构专门负责审查、草拟和核定计划，故而成立了国家计委。[①] 1953 年 9 月 29 日，中央人民政府委员会第 28 次会议又任命李富春、贾拓夫为国家计委副主席。[②]

在国家计委的机构设置中，早期并没有城市规划建设方面的二级机构，直到 1953 年 10 月才增设了“基本建设综合计划局”“设计工作计划局”和“城市规划［计划］局”（以下简称国家计委规划局）。[③] 同月（1953 年 10 月），北京市建设局局长曹言行在参与“畅观楼规划小组”——首都北京第一版城市总体规划工作的后期被调动到国家计委工作[④]，后担任国家计委规划局局长。

这样，在我国开始实行第一个五年计划前后，国家的两个规划主管机构——建工部城建局和国家计委规划局便应运而生了。值得关注的是，尽管建工部的人员主要来源于中央军委系统（包括为数庞大的整师改编转业的建筑施工队伍在内），但其城建局的脉络则主要源自于中财委计划局（基建处）；包括苏联专家穆欣和他的专职翻译刘达容，以及周荣鑫副部长的秘书贺雨等新中国成立初期的一批重要人物在内，不少都是在 1952 年 12 月前后从中财委转调至建工部的。而就国家计委而言，同样是在中财委计划局的基础上组

---

① 中华人民共和国中央政府机构（1949-1990 年）[M]. 北京：经济科学出版社，1993：160.

② 中华人民共和国国民经济和社会发展计划大事辑要（1949-1985）[M]. 北京：红旗出版社，1987：31.

③ 中华人民共和国中央政府机构（1949-1990 年）[M]. 北京：经济科学出版社，1993：160.

④ 2018 年 3 月 20 日张其锟先生与笔者的谈话。张先生曾任郑天翔同志（原中共北京市委常委、秘书长兼北京市都市规划委员会主任）的秘书。

建的。[1] 由此也可以说，建工部城建局与国家计委规划局具有“同根同源”的独特脉络关系。

1.3 后中财委时期：国家计委与建工部的双重领导（1953~1954 年）

在新中国成立初期，中财委是国家组织机构中十分显要的一个中枢性部门（图 1-3），但其存在的时间只不过 5 年左右。1954 年 9 月，第一届全国人民代表大会召开第一次会议，会议通过了《中华人民共和国宪法》和《中华人民共和国国务院组织法》，并决定成立国务院，原来的政务院及其下属的中财委即告结束。[2] 在 1952 年成立之初，建工部是中财委的下属部门之一，自然要受其领导，而国家计委在成立之初更是与中财委有着千丝万缕的关系（包括国家计委副主席李富春早在 1950 年 4 月就开始担任中财委副主任兼重工业部部长在内）。但自 1953 年开始，随着国家计委和建工部相关职能的不断加强，日益呈现为两个相对独立的政府部门。因此，自 1953 年初至 1954 年 9 月，又可被称之为后中财委时期。

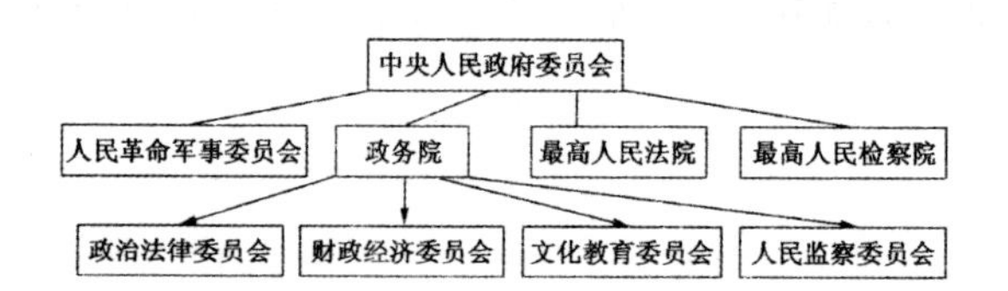

图 1-3 新中国成立初期的中央人民政府组织系统

资料来源：迟爱萍．新中国第一年的中财委研究［M］．上海：复旦大学出版社，2007：124.

① 中华人民共和国中央政府机构（1949-1990 年）［M］．北京：经济科学出版社，1993：160.

② 中华人民共和国中央政府机构（1949-1990 年）［M］．北京：经济科学出版社，1993：158.

在这一时期，我国规划机构的一个显著特征，即国家计委与建工部的双重领导，具体责任部门则是国家计委的规划局和建工部的城建局。就国家计委规划局而言，尽管其成立相对较晚，局内规划工作人员数量相对有限并以行政干部为主，但由于国家计委属于更高层级的政府部门且对建工部工作具有一定的领导职责[①]，国家计委规划局是城市规划方面更高层的决策机构，其实际业务工作更侧重于规划审批方面，对国家的一些方针政策也更为熟悉。就建工部城建局而言，尽管其处于相对略低的管理层级，但其从事规划工作的技术力量较国家计委规划局要更为雄厚（1954 年还专门成立了下属的规模达数百人的中央城市设计院），由于直接组织和参与一大批重点城市的初步规划等职能分工，实际业务工作更侧重于规划编制方面，对城市规划工作的认识和体会也更为具体和深入。

1.3.1 双重领导体制下新中国城市规划工作的起步

根据建工部城建局于 1954 年 2 月完成的《一九五三年工作总结》，“一九五三年是国家经济恢复和发展后第一个五年计划开始实施的第一年。我局是于年初成立的，一年来，为了配合国家的工业建设任务，曾在国家计划委员会领导下进行了：西安、兰州、武汉、包头、郑州、洛阳六个工业城市的工厂厂址选择工作（有的已大体定案）；并制出西安、兰州、武汉、郑州、北京、包头、富拉

---

① 1953 年 5 月 15 日，政务院下发《关于中央人民政府所属财经部门的工作的通知》，中财委成立了多个办公厅，其中第一办公厅主管工业方面的工作，即领导燃料、重工、第一机械、第二机械、轻工、纺织、地质和建筑 8 个工业部门的工作，由国家计委兼管。这里的“建筑”工业部门，即建筑工程部。
参见：中华人民共和国中央政府机构（1949-1990 年）[M]. 北京：经济科学出版社，1993：160.

尔基、杭州、上海、邯郸、石家庄十一个重点工业城市的规划示意图或总平面布置图，研究并布置了十二个城市的资料工作，拟制了土地使用办法”。此外，在城市公用事业方面，“协助中央财委编制了一九五三年基本建设计划，拟制了一九五四年基本建设投资控制数字，在原有基础上进行了五年计划的重编，并整理了二十一个重点城市中重要项目（如上水、下水、交通工具、道路、住宅等）资料，初步拟出了城市公用事业的管理方针和重点及基建投资范围的划分，和基建与养护费使用的划分意见”。[①]

在 1954 年的前三个季度，国家计委规划局和建工部城建局工作的重点包括大力推进以八大重点城市为代表的一批重点城市的规划编制工作，至 1954 年 9 月前后基本完成编制成果，同时为应对规划编制任务繁重和配合工业建设的时间紧迫等突出问题而筹建中央城市设计院，这些情况在拙著《八大重点城市规划》一书中已有讨论[②]，这里不予赘述。除此之外，两局还有另一项重点工作，就是 1954 年召开的第一次全国城市建设会议的筹备工作。

就新中国城市规划发展而言，第一次全国城市建设会议明确了我国各类城市规划建设的各项方针政策，制定出包括《城市规划编制程序试行办法（草案）》《城市规划批准程序（草案）》《关于城市建设中几项定额问题（草稿）》和《城市建筑管理暂行条例（草案）》等在内的各项规章制度，是我国城市规划工作步入正轨的一个重要标志。这样的一次重要会议，虽然是以建工部的名义主持召开的，

① 中央建筑工程部城市建设局一九五三年工作总结（1954 年 2 月 26 日）[Z]. 建筑工程部档案 .

② 李浩 . 八大重点城市规划——新中国成立初期的城市规划历史研究 [M]. 北京：中国建筑工业出版社，2016.

但在实际上却是由国家计委规划局和建工部城建局共同组织的。

档案显示，在1954年3月中共中央批复同意召开全国城市建设会议[①]之后，国家计委规划局和建工部城建局即共同开展会议的各项筹备工作。据4月3日举行的两局联席会议的一份记录，这次会议的主要内容包括："(1)关于方针任务的报告由中央建筑工程部万[里]副部长做报告，根据李[富春]副主席所指示的向中央报告的内容。(2)请朱德[总]司令、陈[云]副总理或李[富春]副主席莅会指示。(3)关于城市经济指标问题，主要是讨论几个定额问题。(4)关于城市规划和建筑事务管理的规章问题。(5)关于干部培养计划及组织机构与技术力量的调整问题。(6)交换城市规划和公用事业工作的经验。主要是典型介绍，由西安、北京二市为主，武汉如能报告亦可以，其他城市也可以讲讲。典型介绍，会前即要通知他们准备，以便较系统全面地介绍"。[②]同时，会议还有其他一些相关的工作："宣传工作，组织一篇报导[道]，一篇社论，四篇文章"；"组织展览会"；等等。[③]

那么，对于全国城市建设会议的筹备工作而言，国家计委规划局和建工部城建局又是如何具体分工的呢？4月3日两局联席会议的记录档案中有明确记载："(1)整理方针任务的报告，拟制各种定额的草案，均由建筑[工程]部城市建设局负责。(2)城市规划和建筑事务管理规章草案由[国家]计委城市规划计划局负责。(3)宣传工作方面：报导[道]由建筑部城市建设局负责，社论由

---

① 中共中央.同意召开全国城市建设会议(1954年3月12日)[Z].国家计委档案.

② 国家计划委员会城市规划计划局与中央建筑工程部城市建设局联席会议记录(1954年4月3日)[Z].建筑工程部档案.

③ 同上.

计委城市规划计划局负责，文章：两局规划处合写一篇；两局公用事业处合写一篇，两局的局长各写一篇。（4）展览会由建筑部城市建设局负责。（5）草拟干部培养计划草案，由计委城市规划计划局负责，草拟组织机构与技术力量的调整问题方案由建筑部城市建设局负责”。此外，“会议总结由建筑部万[里]副部长准备”。①

1.3.2 双重领导体制下城市规划管理的问题和矛盾

由国家的两个不同部门共同领导城市规划建设工作，体现出国家对该项工作的重视，有利于发挥两个部门的各自优势，然而，这必然也会出现实际工作上相互协调的种种困难。对此，建工部城建局于1953年10月7日向建工部党组呈交的一份报告中有如下表述：

我局工作主要困难是“范围不明”“关系不清”。城市建设，据我们接触到的有下列工作（不是说我们管了这么多）：在城市方面，有城市总体规划、总平面布置、城市建筑物的个体设计；在公用事业方面，有全国各城市的公用事业计划工作、投资控制数字、公用事业管理、重大项目的设计工作；在行政工作方面，有公用及民用住宅的设计管理工作（如标准设计、重大建筑设计、建筑艺术等）、城市建筑监督工作、各种定额制定工作、规章法令的制订工作。在以上这些工作中，每项均还有若干附带工作，如测量工作的组织、资料的搜集等。

在关系方面，有上下左右内外关系。在与计委城市规划计划局的分工方面，他们已确定管理城市经济计划、工厂设计、技术资料、城市工业区的说明，其中除工厂设计技术资料与我局关系较少外，

① 国家计划委员会城市规划计划局与中央建筑工程部城市建设局联席会议记录（1954年4月3日）[Z]. 建筑工程部档案.

其余均与我局密切关联，也必然重复。在与大区城市建设处的关系上，有的在建筑工程局下，一年来实际上各大区工程局有的根本不管，也没有机构；有的有名无实、不起作用；只有中南［区］还是最近才与我们有联系。中央最近又确定［城市建设机构］设在大区财委下[①]，这样便成为大区财委下的一个职能机构，这种以中央一个专业部下辖的综合性的局，与大区财委下的一个处要经常发生业务关系，我们尚无经验，且在中央各部亦无例可援。各大城市均有城市建设委员会，他们多机构健全、管的范围很广，以上海为例，领导七个局，其他城市亦多趋向此类形式，他们正苦于上面没有头，只要抓到头就什么问题都提出来，我们也无法应付。不论大区、大市报告均多直向财委。在我部内与设计局关系，他们管设计，我们管监督，在没有技术经验情况下，实际上是不能管的。

全国城市大小一百六十多个，城市建设均无经验，我局虽只管若干大城市，但具体到大区，就要大小一律管起来，有问题大区不能解决，就要向中央请示，这样逼着我们不管也要管（当然不是什么都管）。[②]

根据以上情况，建工部城建局提出有“两种组织形式最好”：“第一种是把我局合并到计委去，这样做不论领会中央意图与向下

① 1953年4月13日，建工部向中财委及中央提交《关于目前城市公用事业管理及存在问题的报告》，提议“在各大区财委下，成立城市建设局（或处），掌管城市规划及公用事业。”5月9日，中财委批复“同意在各大区财委下成立城市建设局（处），掌管城市规划及公用事业。从各大区建筑工程局的编制名额中拨出三十人成立该局（处）。各重点城市之城市建设委员会的编制，则由各大区财委分别不同城市的需要具体确定，编制由各城市总编制额内解决。”中共中央于5月12日批复同意中财委的意见。

资料来源：中国社会科学院，中央档案馆．1953-1957中华人民共和国经济档案资料选编（固定资产投资和建筑业卷）．北京：中国物价出版社，1998：889-890.

② 城市建设局．对城市建设局工作的意见（1953年10月7日）[Z]. 城市建设部档案．

关系均名正言顺，推动力大，工作效率高，节省干部人员”；“第二种是一切行政工作归计委，在我部设计局下设一城市及民用设计院，承包计委交付的各种技术工作，这样我局撤销，也可收到同样的效果”。[①]

对于这两种方案实现的可能性，城建局有着充分的估计，遂又提出四个变通方案：

……根据目前领导意图来看，这两种方案恐均不易实现，那只好根据现有情况加以调整，也有几个方案：

第一个方案：只管规划工作，把公用事业设计工作并入设计局下的公用事业设计机构去。公用事业行政管理工作交计委。

第二个方案：基本维持现状，在规划方面即只管二十一个城市的总规划与总平面布置工作，下一阶段即不再管。规章法令均用计委名义下达（我们拟稿）。公用事业则根据与计委分工情况也有两种形式：

（一）在二十一个城市范围内随着城市规划来管理公用事业建筑的技术设计，主要是组织与审核工作等比较大的城市重大的技术设计，其他则由大区与有关省市管理，其次是视需要与可能帮助重点城市的设计。

（二）（1）除管理上下任务外。（2）掌握二十一个城市的基建投资计划（养护费由财政部直接拨与地方使用），根据国家长远计划，提出与控制年度投资使用与发展指标，编制综合计划，为此就须明确上下报送关系，明确职责。（3）公用事业的企业经营由各大区、省、市以国营地方企业管理之。（4）立法工作，如有关

① 城市建设局．对城市建设局工作的意见（1953年10月7日）[Z]．城市建设部档案．

公用事业的政策规章指示，由国家计委管理。

第三个方案：除管理第二方案之规划公用事业任务外，另搞一个小机构来试行对城市建筑监督工作，取得经验，训练干部，并管理城市建设中若干规章法令的制订。至于民用住宅及标准设计均交设计局去管。

第四个方案：除管理第三方案任务外，还管理民用住宅设计工作，即城市规划、公用及民用住宅建筑的设计管理工作、城市公用事业的管理工作、城市建筑监督工作。这一方案也不可能全管起来，即只取得经验逐步开展，且必须有强大而有力的设计组织，否则无法谈起。[①]

对于上述四个方案，城建局的基本态度是："我们趋向第三方案。不论第三、第四方案的组织条例均可按原组织条例（附上）加以修改"；"在人员编制上，因任务机构不同，伸缩性很大，为此目前尚难予提出，具体要求待方案确定后再进行编制工作"；"不论那［哪］个方案，'关系问题'，特别与大区关系必须明确。"[②]

1.3.3 建工部就召开全国第一次城市建设会议向国家计委并中央的报告

需要注意的是，城建局向建工部党组提交上述报告的时间，正值苏联帮助我国援建并设计的"156项工程"启动设计工作之时，因而对城市规划工作的要求正十分紧迫。正如1953年10月13日国家计委向中央各工业部和铁道部党组所下发的《请各部抓紧苏联

① 城市建设局．对城市建设局工作的意见（1953年10月7日）[Z]．城市建设部档案．

② 同上．

设计项目的各项准备工作》通知中所指出的："苏联设计的九十一个企业，绝大部分须于今年第四季度及明年第一季度提出设计任务书。十月份将有七十一个项目的设计专家组到我国，因此第四季度的工作将是极其紧张的。根据最近各部汇报，关于设计的准备工作，尚存在不少问题，必须迅速解决。例如有的厂址牵涉到城市规划，或几个企业的相互关系迄今不能确定；设计基础资料的搜集尚不完备；已作的资料尚未经审查鉴定……"①

通知中特别强调："苏联政府已再三要求我方按时提出设计基础资料和设计任务书，我们如果不能按时提出，或是关于设计的基本问题不能及时地、正确地予以确定，不断发生错误和返工，不但有误苏联方面的帮助工作，且将贻误国家的建设和延迟国家工业化的速度。"②

正是在这样的背景条件下，建工部党组自1953年10月开始专门就城市规划建设问题进行深入研究，数易其稿，于1953年12月12日正式向国家计委（并转报毛主席和中央）提交《建筑工程部党组关于城市建设的当前情况与今后意见的报告》（以下简称《报告》）。③《报告》对前几年我国城市建设工作进行了总结，以"我们拟在一九五四年二、三月间召开一次全国性的城市建设

① 国家计划委员会．请各部抓紧苏联设计项目的各项准备工作（1953年10月13日）[Z]．国家计委档案，中央档案馆，案卷号：150-1-218．
转引自：中国社会科学院，中央档案馆．1953-1957中华人民共和国经济档案资料选编（固定资产投资和建筑业卷）[M]．北京：中国物价出版社，1998：419-421．

② 国家计划委员会．请各部抓紧苏联设计项目的各项准备工作（1953年10月13日）[Z]．国家计委档案，中央档案馆，案卷号：150-1-218．
转引自：中国社会科学院，中央档案馆．1953-1957中华人民共和国经济档案资料选编（固定资产投资和建筑业卷）[M]．北京：中国物价出版社，1998：419-421．

③ 该报告结尾的落款日期为1953年12月3日，上报给国家计委的日期为12月12日。

会议”为出发点，对城市建设工作中存在的问题、城市建设的方针政策、城市分类排队、城市规划工作要求、民用住宅建设、公用事业建设、建筑艺术形式以及城市建设的组织领导和干部培养等提出了初步的意见。

关于城市建设工作的组织领导问题，《报告》提出："目前我部城市建设局与各级城市建设机构，关系还不清楚亦不正常，应根据一九五三年九月中央关于城市建设中几个问题的指示①，城市规划工作除少数重要工业城市[由]本部直接帮助设计外，一般城市的规划均应由大区城市建设局（或处）直接领导，本部城市建设局可通过大区给以技术上的指导帮助"；"所有城市公用事业基本建设投资计划均由大区财委负责统一掌管与领导，本部根据大区计划，经审查、综合后报国家计划委员会"；"为了工作便利起见，本部城市建设局和大区及各城市的城市建设机构，可发生日常工作上的联系，并确定业务上的指导关系，同时希望他们能定期将情况告诉我们"。②

《报告》上报给国家计委后，国家计委进行了研究，于1954年2月8日向中央呈报了《对建筑工程部党组关于召开城市建设会议的报告的几点意见》，意见中指出："为了把这次会议开好，我们认为可着重讨论与解决以下几个问题：……（四）城市建设的组织领

① 1953年9月4日，中共中央发出《关于城市建设中几个问题的指示》，明确要求“为适应国家工业建设的需要及便于城市建设工作的管理，重要工业城市规划工作必须加紧进行，对于工业建设比重较大的城市更应迅速组织力量，加强城市规划设计工作，争取尽可能迅速地拟订城市总体规划草案，报中央审查”。
资料来源：中共中央关于城市建设中几个问题的指示（1953年9月4日）[M] // 中国社会科学院，中央档案馆．1953-1957中华人民共和国经济档案资料选编（固定资产投资和建筑业卷）．北京：中国物价出版社，1998：766-767.

② 建筑工程部党组关于城市建设的当前情况与今后意见的报告（1953年12月3日）[Z]// 国家计委．对建筑工程部党组关于城市建设会议的报告的几点意见（1954年2月8日）[Z]．建筑工程部档案．

导问题：根据中央的指示及各地具体情况，明确规定从中央、大区到省市的城市建设主管机构的职权范围，并拟定和讨论若干主要的规章和条例（如城市规划设计程序，城市建设监督管理条例等），以便从组织上、制度上保证克服城市建设中的某些混乱现象。”①

1954年3月12日，中共中央批复国家计委并建工部党组《同意召开全国城市建设会议》：“国家计划委员会二月八日转报建筑工程部党组关于召开城市建设会议的报告阅悉。中央同意在一九五四年四月间召开此项会议以及国家计划委员会对建筑工程部党组报告所提的各项意见。”②

1.3.4 关于建立“国家城市规划设计委员会”的构想

对于以农民问题起家的新生人民政权而言，城市建设是一项全新的工作，在为加强这项工作而提出的一些应对举措方面，不时也产生一些新的思路。建工部在准备向国家计委的《报告》的起草过程中，曾提出关于建筑规划教育及学术交流方面的一些大胆举措。譬如：“目前我国尚无专搞建筑设计的独立建筑学院，建议中央允将上海同济大学与南京大学[南京工学院]的建筑系合并为建筑学院”；“此外拟编辑一种有关城市建设方面综合性的内部参考刊物（各地均有此要求），其内容为介绍苏联城市建设的先进经验，及中国城市建设及建筑情况，借以交流经验，教育干部”。③

---

① 国家计委.对建筑工程部党组关于城市建设会议的报告的几点意见（1954年2月8日）[Z].建筑工程部档案.

② 中共中央.同意召开全国城市建设会议（1954年3月12日）[Z].国家计委档案.

③ 关于城市建设中目前情况、存在问题及今后工作意见的报告（1953年11月前后）[Z].建筑工程部档案.

就后一项建议而言,《建筑学报》和《建筑》杂志正是在此背景下于1954年创刊的，1955年又创刊了《城市建设译丛》杂志。就前一项建议而言，它显然是借鉴自莫斯科建筑学院的教育模式，但是，它只是《报告》在起草过程中的一个非正式的提法，在建工部党组于1953年12月12日上报给国家计委的正式文件中，已经没有了这一建议，表明建工部领导在此问题上的态度已有所变化。

然而，就另一项颇具新意的提议而言，建工部领导的态度则是相当坚定的，这就是呼吁建立国家层面的城市规划设计委员会制度。形成于1953年11月前后的《报告》草稿中对此项提议的描述是："……完成以上这些必须完成的工作，是有困难的，为此建议中央在国家计划委员会下由中央几个工业部门及水利、铁道、科学院、文化部组成规划设计委员会。"①

对比1953年12月12日正式向国家计委提交的《报告》，该项提议的内容和措辞已有所变化："……为了完成以上任务，避免盲目性，加强计划性，必须加强对城市建设部门的领导。兹提出以下具体意见：第一、建议中央在国家计划委员会领导下由中央有关部门组成城市规划设计委员会；大区应加强对城市建设工作的领导，华北、东北、华东、西北、中南设立城市建设局，西南成立城市建

① 这份报告（草稿）中还提出："并要求中央调十个到二十个政治较纯洁、技术较高的技术人员给我部城市建设局，并要求给地区偏僻的重点建设城市（如包头等城市）调集必要的人员，以便及时完成任务。所有城市的规划设计，均应由大区财委直接领导进行。其中少数大城市的规划，在大区城市建设机构及经验不足的情况下，本部城市建设局，通过大区给以技术上的指导与协助。避免目前不论大小城市直接到中央解决问题的现象，这样不但得不到地方党委的领导，且城市建设局力量有限，应付不暇，对各地情况并不完全了解，必然会发生若干不符合地方实际情况的缺点与错误。"
资料来源：关于城市建设中目前情况、存在问题及今后工作意见的报告（1953年11月前后）[Z]. 建筑工程部档案.

设处；充实现有重点城市的城市建设委员会。”①

时隔60多年之后，全国各级城市中的城市规划委员会已比比皆是，“规委会”制度已成为我国城市规划决策方面的一项重要机制。但是，现有的规委会主要限于城市层面，在国家层面上尚缺乏此项制度设计。而早在“一五”计划启动之初，建工部即已提出建立国家层面“规委会”的设想，不能不说是一项颇具创新思维的改革举措。在中国城市规划史上，这也是一个颇具历史意义的重要事件。

那么，建工部因何会有建立国家层面“规委会”的设想呢？从历史分析的角度，这大概与同一时期城市规划发展的另一事件有密切的渊源。

1953年10月13日，国家计委就委托苏联设计项目的设计准备工作向中央的报告中指出：“在各重点城市中的各个新建厂与改建厂的各项准备工作方面，如厂址选择、资料收集以及各企业的相互配合等方面，都有一些共同性的问题与互相关联的问题，必须按地区作统一的考虑与及时的解决，而这些问题又大都与城市建设的规划有关”，“为此，我们除另电责成中央各工业部抓紧新厂建设的各项准备工作并加强与各地党委的联系外，并建议各中央局和同时有三个或三个以上新厂建设的城市的市委（如北京、西安、兰州、包头、太原、郑州、武汉、成都等城市），为着加强建设的准备工作，并利于今后建设工作的进行起见，对这些城市均应立即成立城市规

① 建筑工程部党组关于城市建设的当前情况与今后意见的报告（1953年12月3日）[Z]//国家计委.对建筑工程部党组关于城市建设会议的报告的几点意见（1954年2月8日）[Z].建筑工程部档案.

划与工业建设委员会”。[1] 11 月 8 日，中共中央正式作出批复，同意国家计委的有关建议。[2]

正是在这样的背景下，我国一大批重点城市纷纷建立起高规格（多由市委主要领导同志负责）的城市规划委员会或城市建设委员会。建工部所呼吁的建立国家层面的城市规划设计委员会制度，或许正是受到了城市层面“规委会”制度的重要启发。然而，遗憾的是，建工部所提出的建立国家层面“规委会”的建议，最终却并未能如愿。其原因何在？

档案表明，这主要是由于国家计委在此问题上有不同意见所致。在 1954 年 2 月 8 日上报中央的《意见》中，国家计委指出：

---

① 国家计委的报告中提出，城市规划与工业建设委员会应“由市委主持，吸收在该市之各新建企业筹备组织的负责人，当地电业、铁路、城市建设，及其他公用事业的负责人参加”；“委员会当前的主要任务：（一）统一考虑与合理安排各新建企业的厂址和住宅区，并制定与之有关的城市规划。（二）组织各企业相互交换，校正与检查设计基础资料；组织地区性共同资料（如当地的气候、水文、地震、人口、交通以及砂、石、砖、瓦、石灰等建筑材料的来源和规格等资料）的统一供应，避免资料收集工作的重复和资料内容的重复。（三）组织新建企业之间和新建企业与现有企业之间在建设过程中的各种协作（例如共同建设与使用水源、上下水道、铁道专用线等）。（四）根据各企业已定的初步规模，统一考虑当地水量、电力、蒸汽、运输以及当地生产的建筑材料的平衡，并督促有关各部门及时取得协议。”

报告还强调：“由于九十一个设计项目已有七十一个项目的设计小组，将于十月份内到达，上述共同性的问题必须于今年第四季及明年第一季解决，如中央批准上述建议，请即将本电转发各中央局和有关各市委，并请各中央局加强这方面工作的领导与帮助。关于委员会的组织情况、工作情况以及不能解决的重大问题，请各市委及时报告各中央局并告本委。”

资料来源：中央同意国家计划委员会十月十三日关于新厂建设的城市中组成城市规划与工业建设委员会的建议（1953 年 10 月 13 日）[Z]. 国家计委档案 .

② 中共中央的批复如下：“中央同意国家计划委员会关于在同时有三个或三个以上新厂建设的城市中组织城市规划与工业建设委员会的建议。认为这是各中央局、各有关市委在工业建设的领导上目前必须首先抓紧的一项重要工作，因此中央批准国家计划委员会十月十三日的报告，并将该报告转发你们，请即按报告中所提的各项意见立即着手进行工作，有关这方面的问题望随时与国家计划委员会联系解决。”

资料来源：中央同意国家计划委员会十月十三日关于新厂建设的城市中组成城市规划与工业建设委员会的建议（1953 年 10 月 13 日）[Z]. 国家计委档案 .

建筑工程部党组报告中建议在国家计划委员会的领导下，由中央有关部门组成城市规划设计委员会问题，我们认为在目前情况下，城市规划工作应在中央关于城市建设方针的统一领导下，依靠大区和省、市政府去进行，需要中央机关解决的一般问题，可由建筑工程部和有关部门讨论解决，重大问题可由计委组织有关部门研究提出方案，报中央批准。因此似可不必专门成立城市规划设计委员会的组织。[①]

上述意见表明，一方面，在建立国家“规委会”这个问题上，国家计委并不是反对建立这一组织，而只是认为“似可不必专门成立”，其原因也不难理解——国家计划委员会的职责，完全可以涵盖国家城市规划设计委员会应起的作用。

另一方面，从此后国家规划机构发展的情况来看，1954 年 9 月新成立的国家建设委员会，实际上也一定程度担负起了国家城市规划设计委员会的使命。因而也可以说，建工部党组的建议，获得了另一种方式的实现。

1.3.5 建工部关于规划建设领导体制问题向国家计委的建议

除了在关于召开全国城市建设会议的请示报告中对城市规划建设领导体制问题进行呼吁之外，在中央批复同意之后的会议筹备过程中，建工部曾再次就城市规划建设工作的领导体制问题向国家计委报告和请示。

1954 年第一季度前后，建工部曾起草过一份给国家计委高岗主席和李富春副主席的报告。报告在对城市建设工作进行分析的基础

① 国家计委 . 对建筑工程部党组关于城市建设会议的报告的几点意见（1954 年 2 月 8 日）[Z]. 建筑工程部档案 .

上，提出了城市建设工作的困难："一四一项目[1]的厂址陆续确定，工作将十分繁重，牵扯关系甚为复杂，不但我们[对]城市工作业务生疏，且这些新建城市均无什么技术力量，而中央一级的城市建设机构力量很小，计委与建筑部两个城市建设局合计技术力量，除有一个建筑师、一个工程师外，只有五、六十名青年学生，一位[苏联]专家，不论他们工作如何努力，实在无法完成任务。若长此下去是不可能配合国家工业建设任务的。"[2]

对于城市规划建设领导体制问题，这份报告指出："城市建设关系复杂，牵扯面太广，到各城市多是市长或市委书记直接领导，各大区则是财委负责，到中央只是中央建筑部设立一个城市建设局，对与各地工作关系又缺乏明确规定，进行工作确有困难。中央人民政府的一个专业部下的一个局，直接通过大区财委进行工作，中央各部尚无例可援。城市建设是一个综合性的工作，每一个城市均牵扯到中央几个部的问题，用一个局去掌握亦十分困难"；"计委城建局与中建部[3]城建局，因两局力量很小，每个工作均只共同合作进行，好处是关系密切，但坏处是大部[分]工作均重复，浪费力量，各地感到不知谁负责。我部对城市建设局的业务工作亦无法进行领导，他们实际成为半独立状态。我部城市建设局对上得不到部的强的领导，对下关系不明，与各部牵扯太大，本身缺乏力量，任务又繁重，工作感到十分困难。"[4]

---

① 即苏联帮助我国援建的156项工程，这些项目分批次签订，前两批共141项。

② 这份报告的具体起草时间不详，从内容分析应在"高饶事件"之前。
资料来源：中央建工部党组.关于城市建设工作问题给高主席李副主席的报告[Z].建筑工程部档案.

③ 即建工部，其全称为中央人民政府建筑工程部，中建部为其另一简称。

④ 中央建工部党组.关于城市建设工作问题给高主席李副主席的报告[Z].建筑工程部档案.

报告强调："我们感到目前情况不应再继续下去，应根据工作的发展在机构上予以适当改变，再拖下去将对工作不力。这种意见，不论我部城市建设局、计委城市建设［规划］局、过去曾作过城市建设工作的同志、各地城市建设的负责同志，甚至有关各部均具同感。"①

为此，报告明确提出改进城市建设领导体制的两个方案：

（一）计委城建［规划］局与我部城建局两个局合并成为计委（或财委）下辖的一个代表国家进行领导城市建设的执行机构，统一对城市建设的计划、行政、设计的领导，并应具有一定的技术力量与机构，如城市规划设计院、上下水道设计院、测量组织等，随着工作发展，还要增加一些机构。各大区城市建设的负责同志大体均同意此方案，这一方案的好处是：力量集中，领导加强，关系明确，上下均便利，且为将来扩大城市建设机构、锻炼一批干部打下基础。我们根据一年工作体会，亦以这样作为最好。

（二）若领导认为条件还不成熟，则建议在过渡期间，把公用事业的计划工作，城市规划对各城市的行政领导、检查督促工作，均为计委城市建设局负责，中建部城市建设局力量予以加强，机构进行调整，成为一个设计管理机构，暂时在局下成立城市规划设计院、上下水道设计院、测量组织等。如此则要求计委与组织部批准，从中央各部及大市抽调一批技术力量，聘请一批有关业务苏联专家，俾能担负一定的任务。

我们认为随着国家工业建设的发展，城市建筑工作将来应与建筑部分开，不如早做准备，统一组织，使其形成一个力量，作为将

① 中央建工部党组．关于城市建设工作问题给高主席李副主席的报告［Z］．建筑工程部档案．

来的基础。[1]

需要说明的是，这份报告的档案原文系手写体，它是否正式向国家计委报出尚存疑问。尽管如此，也清楚表明了建工部领导在此问题上的基本态度，则是毋庸置疑的。

1.3.6 全国第一次城市建设会议召开前后的情况变化：建工部城建总局的成立

上文所讨论的建工部《报告》和国家计委《意见》等，都与全国第一次城市建设会议密切相关，那么，在这次会议召开的前后，关于城市规划建设领导体制问题是否又有一些新的情况或变化呢？

在全国第一次城市建设会议正式召开之前，建工部城建局曾于1954年4月30日向建工部副部长周荣鑫提交报告："由于最近业务加多，任务紧迫，我局组织机构在五月至六月以前必须加以调整和加强"，"根据部订编制，我局有：城市规划处、公用事业处、资料研究处、民用住宅设计管理处、城市建筑监督处五个处，由于干部不足，仅设立了规划、资料、公用事业三个处。"报告提出"重新组织公用事业处""成立城市建筑事务管理处""成立人事处"[2]"成立城市规划设计院筹备处"以及干部调配等明确建议，并强调"这

---

① 这份报告的具体起草时间不详。
资料来源：中央建工部党组．关于城市建设工作问题给高主席李副主席的报告[Z]. 建筑工程部档案．

② 该报告中提出的其他一些建议尚较容易理解，唯独关于"成立人事处"的建议可能让人费解：建工部下设机构中本来就有人事司，城建局的人事问题，通过人事司难道还不能得以解决吗？
对此，这份报告中的建议和解释内容如下："鉴于我局人员日益增加，年底最低可达到七百人，且各地需要干部甚多，要求中央调给，作了干部培养计划又须监督执行，为此成立人事处，负责：（1）本局内部及局属机构干部管理工作；（2）全国城市干部的调查了解工作；（3）联系各高等教育学校，提供意见；（4）组织干部培养工作。"

些组织均应在五月份内初步建立，才能应付新的工作与任务。”[①]

6月10~28日，全国第一次城市建设会议在北京正式举行。在会前召开的第一次领导小组会议上，东北和中南等大区的代表即提出“要解决中央和省市的机构问题”“希望解决组织机构、投资、中央与地方分工等问题”。[②] 6月11日上午，全国城市建设会议正式开幕，“万［里］副部长致开幕词，着重说明会议目的及开会方法，并由贾［震］副局长宣布了大会日程，下午各大区即进行分组讨论”。在当天下午分组讨论时，组织机构问题便引起了代表们的热烈讨论。在这次会议期间即时整理并上报有关领导参阅的《大会简报》（第一号）中有这样的记载：

组织机构和统一领导问题：此问题意见最多，发言人多而热烈。城市建设的组织机构上下不统一，中央在建筑工程部，大区在财委，市里建立城市建设委员会，从上而下无领导关系或不是垂直领导，而在市里城市建设委员会与建设局的关系也不明确，建委会本身的职责范围也不清，有的市建委会干部多系兼职，没有专门的办事机构，工作不能开展；有的市连编制也没有，经费无法解决。希望这次会议上，中央能够明确规定，把从上到下的城市建设机构统一起来，形成直线的领导关系（此问题意见最多，六个大区都提出了这个问题）。华北提出中央建立和计委一样的机构。东北组提出市里建立像财委一样的组织，来管理城市建设工作。[③]

6月12日上午继续进行分组讨论，下午各小组汇报分组讨论

① 城市建设局．关于城市建设局组织机构在五月至六月前必须加以调整和加强的报告（1954年4月30日）[Z]. 建筑工程部档案．

② 大会简报（特号——第六号）（1954年6月）[Z]. 建筑工程部档案．

③ 同上．

情况，“各大区一致认为必须在中央建立一个坚强的专业领导机构，形成直线领导关系”；其中，“中南提出中央建立城市建设部或城市建设总局，市级城市建设机构必须加强，使与工业建设相适应，建议由中央根据大中小不同类型的城市分别确定组织机构，目前如不可能统一机构，可由各市按具体情况提出各该市的城市建设机构方案，报请上级批准”，“沈阳市提出加强组织机构的二个具体方案。[①]”“听了各组汇报后，万［里］副部长提示如下意见：……（2）组织机构，领导系统问题是大家的迫切问题，此问题不能回避。决定成立专门小组研究，提出方案，报请中央解决。”[②]

在此后几日的会议中，代表们对规划机构问题仍有继续讨论和意见。6月28日，国家计委副主席李富春出席全国第一次城市建设会议并作了总结讲话，其中关于组织机构问题的讲话内容是：

我只提一个意见，这个问题没有经过中央决定，大家回去可以和大区、省、市研究一下是否合适，我认为组织机构原则是：

1．从中央到省市要有专门的城市建设机构，建立工作系统，中央可成立城市建设总局，省可成立城市建设局或建设厅，这问题可以和省委省府研究一下，是必须把城市建设委员会建立起来，并且必须有强有力的办事机构，可以叫城市建设局或建筑事务管理局，这是指的重点城市，城市建设工作在大区撤销以后，一部分工作归并中央，一部份［分］归省，所以必需［须］加强中央的城市建设

① 这两个方案是：“一、健全现有的城市建设委员会，由市长兼主任，财委副主任兼副主任，这个机构必须与财委相平行。二、取消现有城市建设委员会，在计委或财委下设规划处，另外成立建筑事务管理局，改现有建设局为市政工程局，各建设单位工作由计委和财委监督和领导。”

资料来源：大会简报（特号——第六号）（1954年6月）[Z]. 建筑工程部档案.

② 大会简报（特号——第六号）（1954年6月）[Z]. 建筑工程部档案.

领导机构和设计机构来进行工作。①

在随后的讲话中，李富春还谈了对“中央城市建设领导机构与省市如何分工问题”的意见，并再次明确“中央成立城市建设总局或其他名义的机构”。② 李富春的总结讲话，实际上成为全国规划建设系统得以遵循的权威文件。③

根据会议期间建工部副部长万里关于“成立专门小组研究，提出方案”的指示，全国第一次城市建设会议针对规划建设领导机构

---

① 资料来源：李富春．在全国第一次城市建设会议上的总结报告（记录稿）[R] // 城市建设部办公厅．城市建设文件汇编（1953-1958）．北京，1958：280-288.

② 讲话中指出：“中央城市建设领导机构与省市如何分工问题：中央主要作下面几项工作：（1）规定城市建设方针，根据国家长期国民经济计划拟定城市建设方针、法令、章程定额。（2）根据这些方针、法令、章程、定额来领导及审核城市规划，进行上下水道及其它[他]设计工作，规定投资项目，审查限额以上工程以及检查城市建设工作，总结交流经验。（3）统一干部培养与干部训练的工作，并且必要时出版城市建设刊物。（4）领导一般民用建筑标准设计，可由建立一个设计院来搞中央的工作，应集中大部力量来搞第一、二类城市，因为这些城市工作多些，而第三、四类城市工作少些，可由省市自己来搞。中央成立城市建设总局或其他名义的机构。

省的机构原则上分两类：（1）城市多任务重的如东北的辽宁省，可以在省政府下成立建设厅或城市建设局。（2）城市少，工业建设比较少的可由工业厅下边附设一个局。

市的机构：重点城市第一、二类甚至个别第三类城市成立城市建设委员会，把过去同样性质的机构合并起来，不必搞两套，下边办事的机构可成立城市建设局或建筑事务管理局，专门做具体工作。委员会的委员成分及规模大小，视城市情况及工业建设任务的大小而定，如包头、兰州，必须把总甲方组织进去。”

资料来源：李富春．在全国第一次城市建设会议上的总结报告（记录稿）[R] // 城市建设部办公厅．城市建设文件汇编（1953-1958）．北京，1958：280-288.

③ 截至目前，在各级档案部门查档过程中尚未发现在全国第一次城市建设会议之后建工部党组向国家计委和中央的总结报告，以及中央或国家计委对建工部组织召开全国第一次城市建设会议总结情况的有关批复或指示，此乃这次会议与1952年首次全国城市建设座谈会的不同之处。关于这一情况，有两点值得注意：（1）在会议召开前，建工部党组已就会议的各方面情况写出详细计划，上报国家计委并转报中共中央，国家计委和中共中央均有明确的批复，全国第一次城市建设会议按照业经批准的既定方针加以具体组织，会后似无再加批示的必要；（2）1954年7月前后，正值“高饶事件”发生，曾持续多年的行政大区体制被撤销，国家计委等机构面临重要调整，且第一届全国人民代表大会第一次会议召开在即，中共中央及国家计委似乎暂时“无暇顾及”全国第一次城市建设会议的有关情况。

问题进行了专门讨论，形成了《中央建筑工程部城市建设总局组织机构表及说明》等文件（图 1-4）。这份档案表明，当时建工部采取了一种最现实的思路——在本部门内将城市建设局升格为城市建设总局（以下简称建工部城建总局）。建工部城建总局主要承担“组织和进行重要工业城市的规划设计工作”等 10 个方面的职能[①]，下设城市规划与修建处等 5 个业务处和多个设计机构以及“城市建筑艺术与技术会议”。[②]

在 1954 年 9 月前后，建工部城建总局正式成立[③]，同年 10 月 18 日又成立了下属的中央城市设计院（中国城市规划设计研究院的前身）[④]。

---

① 建工部城建总局的其他 9 项职能包括：“（二）对其他城市的规划设计工作进行技术领导及一般领导（注：上述规划设计工作，包括：①区域规划草图设计；②城市总体规划设计；③详细规划及修建设计）。（三）组织与进行新城市内重要项目的建筑设计和工程设计（例如城市中心广场、车站广场、区中心广场的修建，城市主要干道的修建；对形成城市面貌起重要作用的建筑物及建筑群的设计等）。（四）组织大规模修建的住宅标准设计工作，以供新建城市及改建城市新建区之用（这项工作与工业及城市建筑设计院共同进行）。（五）组织并部分的进行重要城市的地形测量及地质勘察工作。（六）组织并部分的进行城市中的专门工程措施、卫生技术及道路、公用事业的设计。（七）对各省、市城市建设部门的工作在业务上加以计划、监督和统计。在省、市成立城市建设机构。（八）与中央各部门建立经常的联系并互相交流工业及城市设计的必要的资料，以保证工业企业、运输、设备、住宅及民用建筑、文化及生活服务机关建筑、公用事业等都能得到合理的布置与设计。（九）组织并进行编制城市建设的定额、规程及技术条件的工作，进行科学研究及编辑出版工作。（十）组织有关部门对城市规划设计文件及重点城市的重要设计进行讨论，审核并批准或提请上级批准。”
资料来源：中央建筑工程部城市建设总局组织机构表及说明 [Z]. 建筑工程部档案 .

② 城市建筑艺术与技术会议系“由学者及技术人员参加，研究建筑艺术、工程技术、勘测、上水下水等多方面的问题，根据需要每月开会一——二次”；此外，“局本身尚有局务会议，由局内各行政领导干部参加，每周开会一——二次”。
资料来源：中央建筑工程部城市建设总局组织机构表及说明 [Z]. 建筑工程部档案 .

③《住房和城乡建设部历史沿革及大事记》编委会 . 住房和城乡建设部历史沿革及大事记 [M]. 北京：中国城市出版社，2012：8-11.

④ 参见拙著《八大重点城市规划》一书第 7 章。
资料来源：李浩 . 八大重点城市规划——新中国成立初期的城市规划历史研究 [M]. 北京：中国建筑工业出版社，2016：375-416.

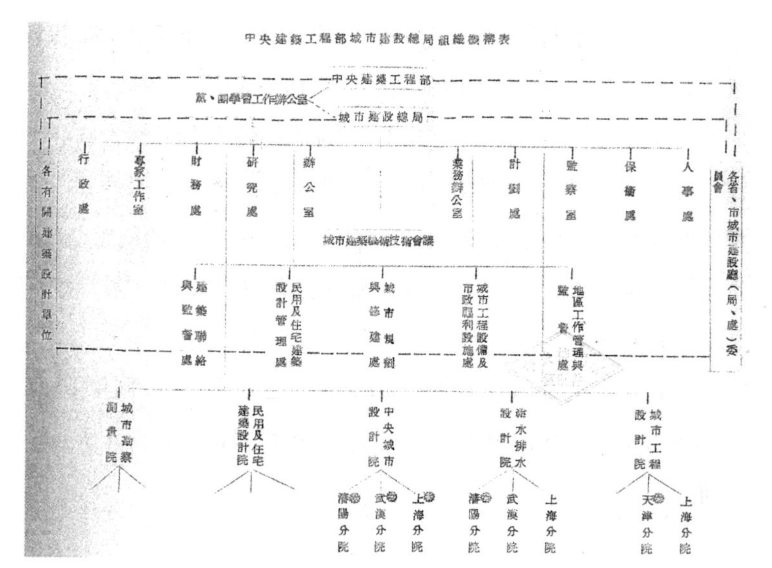

图 1-4　中央建筑工程部城市建设总局组织机构表（1954 年 6 月）
资料来源：中央建筑工程部城市建设总局组织机构表及说明 [Z]. 建筑工程部档案 .

1.4　国家规划机构的逐步升格及多部共管（1955~1957 年）

在 1954 年下半年，我国中央政府机构进行了一次大调整。1954 年 6 月，为了进一步加强对国家计划经济建设的集中统一领导和加强对省、市、自治区的领导，减少组织层次和提高工作效率，中央决定撤销各大区行政委员会，并于 1954 年 6 月 19 日发出《关于撤销大区一级行政机构和合并若干省、市建制的决定》。[①] 同年 9 月，第一届全国人民代表大会召开第一次会议，根据会议通过的《中华人民共和国宪法》和《中华人民共和国国务院组织法》，国家组

① 中华人民共和国中央政府机构（1949-1990 年）[M]. 北京：经济科学出版社，1993:5，596.

织机构进行了重大调整：原政务院改组为国务院，作为最高国家行政机关；撤销原政务院政治法律、财政经济、文化教育三个委员会，设立国务院第一至第八办公室，协助总理分别掌管国务院各部门的工作，其中第三办公室具体负责重工业部和建筑工程部以及多个工业部门的工作。[①]

自 1954 年 9 月开始，中央政府机构调整得以陆续展开，期间国家增设了大量的部委和直属机构。经过调整，截至 1956 年底时，国务院共设 48 个部委、24 个直属机构、8 个办公机构及 1 个秘书厅，共 81 个部门,这是新中国成立后中央政府机构设置的第一个高峰。[②]其中，与城市规划建设关系较为密切的部门，除了国家计委、建筑工程部之外，还有新成立的国家建委、国家经委和城市服务部等，而建工部城建总局则又经历了从建工部分出，再到成立城市建设部的变化。在这一时期，我国规划机构呈现出逐步升格及多部共管的基本态势。

1.4.1 多部共管格局的形成过程

1954 年机构调整后，城市规划方面最权威的部门当属国家建设委员会（以下简称国家建委），它是 1954 年 9 月第一届全国人民代表大会第一次会议批准成立的，于 1954 年 11 月 8 日正式开始办公[③]，为区别于之后恢复重建的国家建委机构而又被称为“一届建

---

① 中华人民共和国中央政府机构（1949-1990 年）[M]. 北京：经济科学出版社，1993：5.

② 中华人民共和国中央政府机构（1949-1990 年）[M]. 北京：经济科学出版社，1993：7.

③ 国家建委党组关于国家建设委员会的任务、组织和干部问题的请示 [Z]. 国家建设委员会档案，中央档案馆，案卷号：114-1-254.
转引自：中国社会科学院，中央档案馆 . 1953-1957 中华人民共和国经济档案资料选编（固定资产投资和建筑业卷）[M]. 北京：中国物价出版社，1998：47-48.

委”；薄一波任国家建委主任，王世泰、安志文、孔祥祯、刘星、李斌为副主任。[①]根据中共中央的正式批复，国家建委总的任务是“根据国务院和国家批准的计划，组织以工业为重心的基本建设计划的实现，从政治上、组织上、经济上、技术上采取措施，保证国家基本建设特别是一五六个单位工程[②]建设的进度、质量，并力求经济节省。”[③]

就机构渊源而言，原国家计委的基本建设办公室和设计、基建、城建、技术合作 4 个局的计划处合并成立国家计委基本建设综合计划局（负责编制计划），这 4 个局的其他工作、连同机构，作为组建国家建委的基础。[④]在成立初期，国家建委下设机械工业局、燃料工业局、重工业局、建筑企业局、设计组织局、交通水利局、城市建设局、标准定额局和建筑技术经济编译研究室等机构，1956 年 11 月增设了轻工业局、交通邮电局、农林水利局、建筑计划局、区域规划局、民用建筑局和建筑材料局等。[⑤]

在国家建委成立一年多后，1956 年 5 月，第一届全国人大常委会第四十次会议通过《关于调整国务院所属财经部门组织机构的决议》，决定设立国家经济委员会（以下简称“国家经委”）。根据国

---

① 中华人民共和国中央政府机构（1949-1990 年）[M]. 北京：经济科学出版社，1993：176.

② 即“156 项工程”。

③ 国家建委党组：国家建设委员会的工作任务和组织机构（中共中央于 1955 年 8 月 2 日批准此件）[Z]. 中央档案，中央档案馆，案卷号：Z44-1955（6）.
转引自：中国社会科学院，中央档案馆 . 1953-1957 中华人民共和国经济档案资料选编（固定资产投资和建筑业卷）[M]. 北京：中国物价出版社，1998：49.

④ 中华人民共和国中央政府机构（1949-1990 年）[M]. 北京：经济科学出版社，1993：176.

⑤ 《住房和城乡建设部历史沿革大事记》编委会 . 住房和城乡建设部历史沿革及大事记 [M]. 北京：中国城市出版社，2012：15.

务院总理向会议提出的议案，国家经委主要负责掌管在五年计划和长远计划基础上的年度计划的制定，督促和检查年度计划的执行，并且负责提出改善国民经济的薄弱环节的措施；在贯彻执行年度计划的范围内，组织各工业部门间的协作，调整中央各部门之间、中央和地方之间的计划和物资平衡。[①] 国家经委下设国民经济综合计划局、工业生产综合计划局、基本建设综合计划局等共 28 个厅、局、室[②]；薄一波改任国家经委主任，王鹤寿任国家建委主任（兼冶金工业部部长）[③]。

同样是在 1956 年 5 月，第一届全国人大常委会第四十次会议根据国务院总理提出的议案，为了加强城市以及新兴工矿区的副食品供应和房地产管理，决定设立城市服务部，管理城市的房地产和服务性行业的工作。[④] 城市服务部成立后，原商业部主管的食品、糖、烟、酒、蔬菜和饮食服务业等业务，以及全国供销合作总社主管的干菜、干鲜果等业务，划交城市服务部经营。城市服务部下设计划统计局、物价局、仓储运输局、生产企业管理局、基本建设局、房

---

① 中华人民共和国中央政府机构（1949-1990 年）[M]. 北京：经济科学出版社，1993：176.

② 国家经委下设的其他重要机构还有：地质计划局、电力工业计划局、煤炭工业计划局、石油工业计划局、冶金工业计划局、化学工业计划局、建筑材料工业计划局、机械工业计划局、国防工业计划局、轻工业计划局、纺织工业计划局、食品工业计划局、交通运输计划局、劳动工资计划局、农林水利气象计划局、水利资源综合利用计划局、森林工业计划局、财政金融计划局、商业计划局、对外贸易计划局、成本物价计划局、文教卫生计划局等，并领导国家物资储备局。
资料来源：中华人民共和国中央政府机构（1949-1990 年）[M]. 北京：经济科学出版社，1993：170.

③ 中华人民共和国中央政府机构（1949-1990 年）[M]. 北京：经济科学出版社，1993：177.

④ 中华人民共和国中央政府机构（1949-1990 年）[M]. 北京：经济科学出版社，1993：399.

地产业管理局等 20 个厅局。[①]

与国家经委和城市服务部同时决定成立的，还有城市建设部和建筑材料工业部[②]等部门，其中的城市建设部，正是以原来的建工部城建总局为基础逐步发展和演化的。那么，建工部城建总局又是如何一步步地升格为城市建设部的呢？

1.4.2 在建工部下设立城建总局的工作情况与困难

1954 年 9 月国家机构调整后，原“中央人民政府建筑工程部”（简称建工部或中建部、建筑部）已改称“中华人民共和国建筑工程部”（通常仍简称建工部）。据建工部城建总局于 1955 年 1 月完成的《一九五四年工作总结（初稿）》，“一九五四年是国家经济建设第一个五年计划的第二年，是国家经济建设任务繁重、紧迫的一年。各项新建工业项目已由选厂阶段进入设计阶段，明年 [1955 年] 即大部 [分] 进入施工和准备施工”，本年度“研究贯彻了城市建设重点建设、稳步前进的方针，在全国一百六十多个城市中，抓住了十几个重点工业城市的建设，在 [每] 一个城市中又抓住了重点

---

① 城市服务部下设的其他重要机构还有：劳动物资局、监察局、卫生检疫局、肉食商品局、禽蛋商业局、蔬菜食品杂货商业局、糖业糕点商业局、烟酒专卖局、干鲜果商业局、饮食业管理局等。
资料来源：中华人民共和国中央政府机构（1949-1990 年）[M]. 北京：经济科学出版社，1993：399.

② 1956 年 5 月，第一届全国人大常委会第四十次会议根据国务院总理提出的议案，由于重工业部管的产业过多，业务过重，难于全面兼顾，而且已经具备了分部的条件，决定撤销重工业部，分别设立冶金工业部、化学工业部和建筑材料工业部（简称建材部）。建材部以原重工业部管理中央直属建筑材料工业企业的建筑材料工业管理局为基础进行组建；同年 10 月，国务院决定将非金属矿工业划归建筑材料工业部领导，从此，建材部的管理范围包括建筑材料、非金属矿产品和无机非金属新材料三大部分。
资料来源：中华人民共和国中央政府机构（1949-1990 年）[M]. 北京：经济科学出版社，1993：235.

项目。完成了十一个城市的总体规划设计，七个城市的详细规划设计，五个城市的给水排水初步设计，并组织完成了若干重大工程项目设计工作”，“一年来我局的业务工作中，城市规划设计和城市市政工程设计工作占了很大比重”。[1]

实际工作的体会使建工部城建总局认识到：“‘争取时间’是一个严重的政治任务。如果城市规划设计或厂外工程设计不能及时保证，就将影响工业建设的速度，就将推迟国家工业化和国防现代化的实现”；同时，“保证质量是基本建设中一切设计工作的重要原则。我们的城市将来能不能建设好，设计是一个重要的关键”。因此，“要求设计工作必须争取时间，保证能配合上工业建厂的需要，必须保证质量，为工业生产和劳动人民创造良好的条件。还必须注意经济问题，降低造价、节省投资，为国家工业化腾出更多的资金”。[2]

《一九五四年工作总结（初稿）》指出：“艰巨、复杂、紧迫的城市建设任务，是在技术力量十分缺乏的情况下进行的，又加［上］大区撤销，许多城市的工作任务均直接由中央处理。力量和任务要求不相适应，因此我局一年来是一面聚集力量、扩大组织，一面接受国家任务”，“一年来，我们在实践中认识到城市建设任务是具有高度的综合性、复杂性与长期性的工作，城市建设机构、力量与任务经常在工作中表现着严重的矛盾现象。城市建设系统还十分不健全，障［阻］碍工作的情况也十分严重”。[3]

为此，建工部城建总局在年度总结报告中提出：“我国城市建设领导机构与上下左右的关系不明确，各城市由市长、市委书记直

---

① 建筑工程部城市建设总局．一九五四年工作总结（初稿）[Z]．建筑工程部档案．

② 同上．

③ 同上．

接领导各该市城建委负责，大区撤销后部分省由基建厅或建设厅的城市建设处负责，人员太少，技术力量缺乏，只能管理若干计划与投资，到中央只有建筑工程部一个城市建设局，对各地工作关系缺乏明确规定，目前一些城市直［接］来中央处理问题，而且每一个城市均牵涉中央几个部的工作，掌握工作上确有困难，国家建设委员会成立后，在城市建设的工作关系上亦不明确，以上系列的组织关系问题，提请中央早予考虑解决。”①

1.4.3　建工部关于成立城市建设部的建议报告

建工部对于规划领导机构调整的意见，实际上并非直到城建总局的年终总结中才提出。档案资料显示，早在 1954 年 7 月前后（即第一届全国人大第一次会议作出中央政府机构调整决策的前夕），建工部已向国家计委提出《关于建议成立城市建设部给富春并中央的报告》（以下简称《成立城建部建议》）。

《成立城建部建议》开门见山地提出："关于大区撤销及中央各部调整问题，我们建议成立一个新部——城市建设部"。"城市建设工作，自一九五二年底起划归建筑工程部管。我部成立了城市建设局，各城市陆续成立了城市建设委员会，上海城市建设委员会下管八个局，北京、天津、武汉、沈阳等城市也不少。一般城市也均设有建设局。由于我们缺乏经验，努力不够，加以机构十分薄弱，与各方面关系不明确等原因，工作作［做］的并不够好，各城市意见很多，他们反映，'什么部门都有上级，只有城市建设没有上级'（上下关系素未明确）。开人民代表会前三天，建设局长就准备好检讨

① 建筑工程部城市建设总局．一九五四年工作总结（初稿）[Z]．建筑工程部档案．

进会场。城市建设是与城市各阶层人民日常生活均有密切关系，群众意见多是很自然的事情。”[①]

在对城市建设工作内容加以概述[②]的基础上，《成立城建部建议》汇报了建工部城建局的工作开展情况：“本年度为了配合重点工业城市的厂外设计，根据计委建议，已决定在我部城市建设局下成立上下水道设计院（已开始接收任务）、城市规划设计院、勘测队三个新机构。每一机构成立起来均呈几百人的摊子。此外，局下的规划行政机构、城市公用事业行政机构、城市建筑事务管理机构，城市建筑中的各种定额、规章资料研究机构，亦均要陆续加强。但许多应管的事情还不准备全管起来，一般城市还采取不管的方针。”[③]

为此，《成立城建部建议》明确提出：“今后大区撤销，现有的各大区城市建设机构亦随之撤销，各城市一定会直［接］来中央解决问题。重点城市必须管，一般城市找上门来不得不管；重要项目必须管，非重点项目不管也被迫不得不管。技术问题、投资问题、事务管理问题，项目颇为繁杂。今后建筑工程主要是搞工业建筑，加以一年来未管好的教训，已不可能再管城市建设，此工作应当划出。”[④]

在 1954 年 7 月前后，国家建委即将成立，对于建议新成立的城市建设部与国家建委的关系问题，《成立城建部建议》也有所考虑：

---

① 建筑工程部党组．关于建议成立城市建设部给富春并中央的报告［Z］．建筑工程部档案．

② 报告中指出：“根据一年多的体验，目前，城市建设最低应包括下列六项工作：（一）城市规划设计工作；（二）城市住宅及公共建筑物的设计管理工作；（三）城市各种公用事业的设计及管理工作（特别是地下管道的设计）；（四）城市中各种建筑事务管理工作；（五）领导各城市建设的行政工作；（六）管理城市建设的投资及基建工作。随着国家建设的开展，工作将会更多起来。”

③ 建筑工程部党组．关于建议成立城市建设部给富春并中央的报告［Z］．建筑工程部档案．

④ 同上．

"我们也考虑了将这一项工作划归将来成立的基本建设委员会（或工业建设委员会）的问题，根据我们初步理解，将来的基本建设委员会是领导、组织、督促、检查、审核、批准工业基本建设（特别是一四一项[①]）的领导组织,不可能管理庞杂繁重的具体业务工作。"同时，"苏联的国家建设事业委员会比我们的基建委员会不但管的范围广、业务经验多，主要的还在于他在各加盟共和国均有公用事业部、城市建设局（直属部长会议）、建筑艺术委员会等健全的行政机构及若干健全的设计机构作为依靠，且苏联在一九五〇年以前也是城市建设部，只有在各种条件成熟后（一九五〇年）方改为国家建设事业委员会的。我国目前这种条件似乎尚不成熟"，"我们也考虑到城市建设工作不但与为国家工业化服务有关，且与城市广大劳动人民日常物质文化生活关系十分密切，苏联及东欧国家均十分强调此点。""鉴于以上这些情况，我们建议成立一个新部——城市建设部。"[②]

然而，建工部关于成立城市建设部的建议，在 1954 年度却并未实现，其原因也不难理解：一个新部的成立绝非易事，当时的各项准备工作还显仓促，并且该年度国家还新成立了国家建委，两者的相互关系等一时尚难于理清。

尽管如此，规划建设领导机构问题依然存在，并时刻对建工部的各项实际工作产生重要影响。这样，就迫使建工部的意见转向另一个相对务实的方向：将城市建设总局从建工部划出。

---

① 即"156 项工程"。

② 这份报告的最后指出："此外，建筑工程[部]今后主要是[管]工业建筑，任务繁重，大区撤销后对省市建筑企业势难再管。建议这些工作也划归城市建设部领导。如此城市建设部工作将是十分繁重、庞杂的，机构也是很大的。"

资料来源：建筑工程部党组 . 关于建议成立城市建设部给富春并中央的报告 [Z]. 建筑工程部档案 .

1.4.4 国家计委和国家建委关于成立城市建设总局的联合建议

1954 年 11 月前后，建工部起草了《关于建立中华人民共和国城市建设总局的建议（草案）》并上报国家计委和国家建委。该建议报告中指出："为了使城市建设工作进一步集中化，保证国家的领导和在城市规划与修建方面的统一管理，考虑到城市建设规模的巨大，并鉴于必须调整和综合地解决城市建设中的工程、经济、建筑技术和建筑艺术问题，在政府机关系统中设立中华人民共和国城市建设的中央机关——城市建设总局是适宜的。"①

建议报告提出："城市建设总局除具有整顿城市建设、指导城市建设的发展和对于在各城市和工人村进行建筑和福利设施的地方单位和主管单位活动实行监督等职能外，在城市建设总局的系统内还要建立设计勘察机构、科学研究机构、出版机构、专门学校、进行实验性建筑的机构（检查标准设计结构及规格）以及保护和恢复建筑艺术古迹的机构。""城市建设总局的最主要职能应该是通过设计机构完成城市建设的设计预算文件，首先是城市规划和修建设计（总平面图），各种建筑标准设计、城市工程设备的设计和福利设备的设计以及影响城市建筑艺术面貌的建筑群的设计；在政府和国家建设委员会批准之前与有关部门商讨这些设计。根据专门的名目表和国务院的委托，审查和批准这些设计。"此外，该建议报告还详细阐述了"在城市建设总局的组织机构中应设六个符合于本身活动方向的局"的设想。②

---

① 关于建立中华人民共和国城市建设总局的建议（草案）[Z]. 建筑工程部档案.

② 同上.

接到建工部的建议报告后，国家计委和国家建委进行了专门研究，并于1954年12月16日向国务院联合提交了《关于建立城市建设总局的建议》：

两年来，有关城市建设方面的规划、设计及若干建筑问题，都是由计划委员会的城市建设计划局和建筑工程部的城市建设总局分别处理的。它们在计委和建筑工程部的领导下做了不少工作，并积累了一定的经验。但城市建设计划局力量薄弱，只能担负一些初步设计的审核工作；城市建设总局不是国务院下的一个直属部门，而是附设在建筑工程部内，也难起到真正指导城市建设的作用。因此，到目前为止，这种组织形式已不能满足日益增长的工业城市建设的需要，估计到一九五五年以后，这种不相适应的情况，将更加严重，亟需尽早加以解决。按工作需要说，建立一个国务院城市建设部似乎更适当些（苏联在一九五〇年前有全苏城市建设部，一九五〇年以后取消，改建各加盟共和国城市建设部，另有公用事业建设部。一九五四年又成立全苏城乡建设部）。但我国目前条件尚不具备（俟条件成熟时再成立部），因此我们建议：

（一）以现在建筑工程部的城市建设[总]局为基础，建立国务院直属城市建设总局，统一领导全国的城市建设工作，归国务院第三办公室指导（视工作需要，三办还可委托建筑工程部帮助做一时期）。

……[中略]

（二）原由计划委员会划归建设委员会的城市建设局，改称城市设计规划局，专门负责城市规划及设计的审查，制定城市建设方面的标准及城市建设中有关的各种定额等。由曹言行任局长。

（三）城市建设的计划及投资的确定等，仍由计划委员会负责办理。

（四）建筑工程部将城市建设总局划出后，除仍担任其他建筑工程外，在目前应集中力量将机械工业的建筑工程搞好。[①]

1.4.5 在国家建委下设立城市建设总局的早期决策

1954年12月20日，国务院对国家计委和国家建委关于成立城市建设总局的联合建议作出批复："一九五四年十二月十六日计发亥一一〇号关于建立城市建设总局的建议阅悉。一、同意将城市建设［总］局从建筑工程部划出，并以该局为基础，建立城市建设总局，统一领导全国的城市建设工作。同时决定将城市建设总局隶属国家建设委员会。二、同意将原由国家计划委员会划归国家建设委员会的城市建设局改称城市设计规划局。该局主管的业务亦同意来电所提。三、两局的人选，由你们自行商定后，另报中央批示。"[②]

关于国务院的这一批复，有一个细节值得注意。在国家计委和国家建委的报告中，从建工部划出的城建总局系建议由"国务院直属"并"归国务院第三办公室指导"，而国务院的批复则是"决定将城市建设总局隶属国家建设委员会"。换言之，国务院的意见本来是希望由国家建委来领导城建总局。

1955年1月19日，国家计委党组和国家建委党组联合向中共中央报告关于城建总局领导人选的建议。1月28日，中共中央发出《同意张霖之等同志任职》的批复通知："一月十九日电悉。同意城市建设总局成立后，由张霖之同志任总局长，并兼国家建设委员会

① 国家计委、国家建委关于建立城市建设总局的建议（1954年12月16日）[Z]. 国家建委档案，中央档案馆，案卷号：114-1-88.
转引自：中国社会科学院，中央档案馆. 1953-1957中华人民共和国经济档案资料选编（固定资产投资和建筑业卷）[M]. 北京：中国物价出版社，1998：776-777.

② 关于建立城市建设总局的建议的答复[Z]. 国家计委档案.

副主任，孙敬文、贾震同志任副总局长。”[①]

先后由国务院和中共中央分别就城建总局的有关事宜下发正式通知，这恐怕是最具权威的最高决策了。然而，就后来的实际情况而言，城建总局却是由国务院直属，并非隶属于国家建委；同时，城建总局的总局长也是由原建工部副部长万里担任，而非张霖之。[②]那么，这样的重要变化，又是因何而产生的呢？

自 1954 年 9 月批准成立、11 月 8 日正式办公后，国家建委于 1955 年 1 月 20 日向毛主席、中央并周总理呈报《关于国家建设委员会的任务、组织和干部问题的请示》，亦即国家建委的“三定方案”。这一请示文件中指出：“国务院决定隶属本委的城市建设总局，其任务职责和组织机构，待研究后另报”。文件中还提到：“苏联国家建设委员会在技术上具有很高的权威，而我们在目前还做不到。因此，我们要想担负像苏联建委那样的任务，还需经过一个相当长的时间；但我们多做些组织工作则是合理而且可能的，当然我们应当积极向苏联国家建设委员会的方向发展。”[③]

---

① 同意张霖之等同志任职 [Z]. 国家计委档案 .

② 张霖之（1908~1967 年），原名张朝明，河北南宫人。1925 年入南宫县师范讲习所学习，1927 年任小学教员，1929 年夏考入驻山东烟台的国民党军陆军第二十一师军官教导队。1931 年起，曾任中共南宫中心县委书记，中共鲁西区党委书记，中共冀鲁豫区委书记，中共冀鲁豫中央分局组织部副部长兼民运部部长、冀鲁豫工委书记，晋冀鲁豫野战军第七、十一纵队政委等。抗日战争胜利后，曾任中共冀鲁豫区党委书记兼冀鲁豫军区政委、南京市副市长、重庆市委第一书记、西南军政委员会委员等。中华人民共和国成立后，于 1952 年调任第二机械工业部副部长，1955 年起曾任国家建委副主任、第三机械工业部部长和党组书记、电机制造工业部部长和党组书记、煤炭工业部部长和党组书记等。中共第八届中央候补委员。“文革”中遭到残酷迫害，1967 年 1 月去世。1979 年平反。张霖之先生的夫人为李蕴华，曾任中央城市设计院副院长。

③ 国家建委党组关于国家建设委员会的任务、组织和干部问题的请示（1955 年 1 月 20 日）[Z]. 国家建委档案，中央档案馆，案卷号：114-1-254.
转引自：中国社会科学院，中央档案馆 . 1953-1957 中华人民共和国经济档案资料选编（固定资产投资和建筑业卷）[M]. 北京：中国物价出版社，1998：47-48.

这份文件上报半年以后，直到1955年8月2日，中共中央才正式批复了国家建委党组修改后再报的《国家建设委员会的工作任务和组织机构》①，标志着国家建委“三定方案”的尘埃落定。根据中央正式批复的这一文件，国家建委的具体任务包括12个方面，其中与城市规划密切相关的主要是“审核厂址和城市规划”以及“研究改善建筑事业和建筑艺术”等②。就机构设置而言，国家建委先行成立城市建设设计局③、设计组织局和建设技术经济研究室等11个专业及综合机构④，“以后视工作发展和干部配备情况，报请国务院

---

① 国家建委党组:国家建设委员会的工作任务和组织机构[Z].中共中央档案,中央档案馆,案卷号：Z44-1955（6）.
转引自：中国社会科学院，中央档案馆.1953-1957中华人民共和国经济档案资料选编（固定资产投资和建筑业卷）[M].北京：中国物价出版社，1998：49.

② 国家建委其他方面的具体任务主要包括：审核基本建设工程的设计和预算文件（受国务院的委托，可批准部分设计和预算文件），审核、推广工业和民用建筑的标准设计；检查基本建设进度，组织基本建设的重大的协作，以保证国家建设特别是一五六个单位工程建设计划的实现；检查工程质量，受国务院的委托组织重大工程的验收；研究建筑经济问题，拟定降低工程造价的措施；研究改善设计机构、施工机构、城市建设机构和建筑科学研究机构的组织与工作；研究和推广苏联基本建设方面的先进经验和科学技术成就；制订有关基本建设的规章、办法和条例；编制有关设计、施工和城市建设方面的定额、标准和规范；研究并提出有关基本建设技术政策方面的问题；检查国家颁布的设计、施工方面的指示、决定的执行情况。
资料来源：中国社会科学院，中央档案馆.1953-1957中华人民共和国经济档案资料选编（固定资产投资和建筑业卷）[M].北京：中国物价出版社，1998：49-50.

③ 城市建设设计局下设城市经济、城市规划、住宅及民用建筑、公用事业工程、定额、预算六个处和秘书机构，其任务主要是：（1）审核重要城市的规划设计；（2）审核并推广住宅及民用建筑的标准设计；（3）审核限额以上的民用建筑及公用事业工程的初步设计及概算；（4）审核重要基本建设工程的建设场地；（5）组织编制并审核城市建设的各项规章、办法和条例，以及城市规划和公用事业工程的定额；（6）检查厂外工程建设的进度和问题，并组织协作；（7）研究改善城市建设机构的组织和工作。
资料来源：中国社会科学院，中央档案馆.1953-1957中华人民共和国经济档案资料选编（固定资产投资和建筑业卷）[M].北京：中国物价出版社，1998：52-53.

④ 其余8个机构分别是:重工业局、燃料工业局、机械工业局、交通水利局、建筑企业局、标准定额局、编译室和办公厅。
资料来源：中国社会科学院，中央档案馆.1953-1957中华人民共和国经济档案资料选编（固定资产投资和建筑业卷）[M].北京：中国物价出版社，1998：49-50.

批准陆续增设”若干机构[①]。

这就是说，在国家建委的“三定方案”中，并未出现城建总局这一机构。其中的缘由，目前尚无法考证，很可能正如建工部于1954年7月前后向国家计委提交的《关于建议成立城市建设部给富春并中央的报告》中所言，国家建委乃“领导组织，不可能管理庞杂繁重的具体业务工作”。[②]

1.4.6 国务院直属城市建设总局的成立

在国家建委对其“三定方案”进行研究与讨论的过程中，国务院第三办公室研究并提出了《关于成立城市建设总局的报告》(以下简称《成立总局报告》)。

《成立总局报告》首先分析了当时国家工业化建设和城市建设的基本形势：“随着国民经济第一个五年计划的进展，新工业城市的建设和某些旧有城市的改建和扩建工作，日益显得重要，城市建设已成为社会主义建设中一个不可缺少的组成部分。因此，为适应国家经济建设特别是工业建设的需要，必须建立与健全全国城市建设工作的组织机构，加强城市建设工作的领导。”[③]

对于前几年城市建设工作，《成立总局报告》评价如下：“几年来，城市建设工作是有一定成绩的，也集结和培养了一批城市建设工作的干部。但是，城市建设是一项牵连很广、十分复杂的工作，

---

① 计划增设的机构主要包括第二机械工业局、轻工纺织局、农林水利局、新技术和科学研究局、标准设计局、民用住宅建筑局和出版社。
资料来源：中国社会科学院，中央档案馆．1953-1957中华人民共和国经济档案资料选编（固定资产投资和建筑业卷）[M]. 北京：中国物价出版社，1998：49-50.

② 建筑工程部党组．关于建议成立城市建设部给富春并中央的报告 [Z]. 建筑工程部档案．

③ 国务院第三办公室．关于成立城市建设总局的报告（1955年4月6日）[Z]. 城市建设部档案．

它与工业、交通、水、电、卫生、防空等都有密切关系，任务十分繁重。目前在城市建设方面，由于缺乏统一的组织领导和计划工作，力量薄弱，经验不足，因而属于城市建设范围以内的很多工作，形成无人管理，在城市建设工作中存在着相当严重的盲目性，城市规划赶不上设计和施工，市政工程配合不上工业建设。城市建设工作已远不能适应国家工业建设的需要。"[①]

《成立总局报告》指出："过去在建筑工程部内虽然设有城市建设[总]局，进行了重点工业城市的城市规划和厂外工程的设计工作，但建筑工程部主要是担负工业建筑任务，城市建设不可能成为它的领导重点。而且随着国家工业建设的发展，该部的任务势必日益繁重，更将无力兼顾城市建设工作。"[②]

为此，国务院第三办公室建议："鉴于以上情况，我们建议将城市建设[总]局从建筑工程部划拨出来，成立城市建设总局，作为国务院的一个直属机构，以加强城市建设工作的领导。各省、自治区人民委员会，亦应在原建筑工程局（部分省是建设厅）的基础上，根据所辖城市的多少，分别成立城市建设厅，或者城市建设局，受城市建设总局和各该省、自治区人民委员会的领导。""城市建设总局的任务是：统一领导全国的城市勘察测量、城市规划、民用建筑的设计与施工、公用事业的设计、建筑与管理等工作。各省、自治区的城市建设厅、局，应负责各该省、自治区内城市的上述各项有关城市建设及建筑事务的管理等工作。"[③]

---

① 国务院第三办公室．关于成立城市建设总局的报告（1955年4月6日）[Z]．城市建设部档案．

② 同上．

③ 同上．

城建总局是从建工部分出的，对于这两个部门的分工关系，《成立总局报告》建议如下："城市建设总局成立后，应当和建筑工程部作如下的分工：在建筑设计方面，建筑工程部直属各设计单位，今后应当逐渐以担负工业建筑设计为主，当工业建筑设计任务不足时，也应当担负部分民用建筑设计，城市建设总局所属设计单位及省市的设计单位，担负民用建筑设计。在施工方面，建筑工程部所属各国营工程公司，应当以担负工业建筑为主，但重点工业城市的公共建筑、住宅和市政工程的建设，在可能条件下，也由建筑工程部负责施工，或者和城市建设总局分工负责。各省、自治区的建筑公司，应当以担负城市的民用建筑为主，并为工业建筑培养后备力量，必要时还应当支援工业建设。"①

1955年4月9日，第一届全国人民代表大会常务委员会第十一次会议批准城市建设总局从建筑工程部划出，成立作为国务院的一个直属机构的城市建设总局（以下简称国家城建总局）。4月21日，国务院第九次全体会议通过决议，任命万里为国家城建总局局长，孙敬文、贾震为副局长；1956年1月又任命傅雨田为副局长。②

1955年5月，国家城建总局下设城市规划局、建筑工程局、建筑设计局、市政工程局和勘察测量局5个专业局以及13个职能单位③，中央城市设计院等为其下属单位。其中，城市规划局无疑是最

---

① 国务院第三办公室．关于成立城市建设总局的报告（1955年4月6日）[Z]. 城市建设部档案．

② 《住房和城乡建设部历史沿革及大事记》编委会．住房和城乡建设部历史沿革及大事记[M]. 北京：中国城市出版社，2012：18.

③ 包括：办公室、计划处、人事处、保卫处、财务处、行政处、研究室、监察室、技术处、城市人民防空处、编译室、出版社和专家工作科。
资料来源：《住房和城乡建设部历史沿革及大事记》编委会．住房和城乡建设部历史沿革及大事记[M]. 北京：中国城市出版社，2012：18.

为核心的一个专业局。

在获得任命刚一周时（4 月 28 日），国家城建总局局长万里即主持召开局长办公会，专门研究城市规划局的任务和组织等问题。档案表明，会议开始时即有人员提出“规划设计中目前存在的问题［是］：我们和建委的关系，如何分工？否则必然互相牵扯，他们在日常工作［中］常常组织我们的力量”。之后共约 10 人先后发言，进行了深入的讨论。最后万里作了总结，讲话中谈道：

搞这个工作刚开始，有些工作未摸，搞的还不清楚。今天提出几条，研究一下，以后再研究一次。

目前的情况是力量不小，未组织起来，经过领导，□□［未来］潜在力很大，能完成国家很大部分的事业，因之，对局的要求要高点。过去未抓这个工作，未管，所以开始时必定落后于群众，落后于工作的要求。因之，如何把力量组织起来，抓起工作，从中锻炼自己，调动力量，组织骨干力量，是很大［的］工作。

局的任务范围，总的来讲：

①领导组织城市规划工作。因此，凡我局职责范围可能办到的，都加以领导。审核是属于建委规定范围以内的，［我们负责］初步审核，提请国务院批准，审批工作也有；至于哪些审批、哪些审核，将来再研究。属极大的原则性的应报国务院，具体的则由我们审核或审批。所谓组织起［来］，除本局直属的力量外，还包括各省市的工作，甚至各部的有关任务。

②领导总局所属的民用及公用建筑设计工作。将来可能扩大为全国城市的民用建筑设计工作。这个工作包括组织、计划、技术管理、建筑艺术、设计预算、定额、施工组织设计、重大技术问题的解决。至于扩大到什么程度，和省市如何划分，需进一步研究。

③制订定额、规章、法令。审批按法定规定程序进行，建委和

我们不是领导关系，是代表国务院审批。

④建筑的、城市的科学研究工作，这项工作可以稍缓。

关系问题：与建委谈一次，划分清楚。和各部是配合关系，主动协作。对城市［设计］院是业务领导关系，城市院是总局的院。人事、财务、条例由总局管，技术、业务及各方面的配合由规划局管，这不说明院长比局长低一级。对各省市业务部分，在规划设计业务上是指导关系，重大问题必须通过总局，甚至国务院或党中央。[①]

在这次谈话的最后，万里还特别强调："日常工作领导要注意的几个问题：（1）把经济问题放在很重要的地位。过去是注意不够的，领导干部不注意经济要犯错误，必须把经济工作放到日程上。（2）关系，局的关系问题，一要主动配合，要严于责己、宽松待人，体贴对方困难。总的要有全面观点。多做调查研究，听取旁人意见。遇事要协商，要慎重。（3）规划设计工作是全面的工作，必须加强学习。"[②]

1.4.7　城市建设部的成立

正如上文所述，关于成立城市建设部的提议，早在1954年下半年已得到国家计委、国家建委和建工部等多个部门的基本认同，只不过当时时机尚未成熟罢了。1955年国家城建总局成立后，在较短时间内加强了组织领导，开展了大量规划工作，积累了较丰富的实践经验，加之我国在1956年又启动第二个五年计划的各项准备工作，城市规划建设的任务更加繁重，且又恰逢国务院再次对中央

① 局长办公会议记录第16号（讨论城市规划设计局的任务、组织等问题）[Z]. 城市建设部档案.

② 同上.

政府组织机构进行大规模调整，成立城市建设部的时机也就成熟了。

1956年5月12日，第一届全国人大常委会第四十次会议在决定成立国家经委、城市服务部和建筑材料工业部的同时，根据国务院总理提出的议案，为了统一管理和加强对城市建设工作的领导，决定撤销城市建设总局，设立城市建设部（以下简称城建部），仍由国务院第三办公室协助总理掌管其工作，万里被任命为城市建设部部长。1957年2月，孙敬文被任命为城市建设部副部长，傅雨田、贾震和秦仲芳被任命为部长助理。[①]

1956年，城市建设部的组织机构包括：办公厅、人事司、教育司、劳动工资司、人防保卫司、财务材料司、计划统计司、技术司、勘察设计司、城市规划局、建筑工程局、市政工程局、公用事业管理局以及中央城市设计院、给水排水设计院和民用建筑设计院。1957年，城市建设部的部分厅、司、局机构被裁并，共设办公厅、人事教育司、技术司、建筑工程局、市政设计局和规划局等6个机构，中央城市设计院等的隶属关系维持不变。[②]

城市建设部成立后，我国城市规划工作的领导机构和组织力量达到了新中国成立后的第一个高潮。在国家建委、国家计委和国家经委等的共同领导以及城建部、建工部和城市服务部等的密切配合下，城市规划方面的各项工作进入一个蓬勃发展的新时期，城市规划编制和审批工作显著加快，城市规划科学研究也得到加强，以1956年7月国家建委颁布《城市规划编制暂行办法》等为主要标志，

---

① 《住房和城乡建设部历史沿革及大事记》编委会.住房和城乡建设部历史沿革及大事记[M].北京：中国城市出版社，2012：18-19.

② 《住房和城乡建设部历史沿革及大事记》编委会.住房和城乡建设部历史沿革及大事记[M].北京：中国城市出版社，2012：19.

城市规划法制建设也取得重要成果。

在为国家大规模工业化建设提供有效配合、作出重要贡献的同时，城市规划工作的开展也积极地助推了国家的城市建设和城镇化发展进程。据统计，在第一个五年计划期间，全国共完成69个城市与工人镇规划，正在进行或曾经完成局部规划的城镇88个。在此期间，新建的城镇39个，大规模扩建的城镇54个，一般扩建的城镇185个。全国设市数量由1950年的134个发展到1957年底的178个，其中百万人口以上的特大城市11个，50万~100万人的大城市19个，10万~50万人的中等城市91个，10万人以下的小城市58个。城市人口由1952年的4238万余人增加到1957年的6911万余人。①

1.5　国家规划机构的重大调整（1958年）及后续演化

新中国成立初期国家规划机构不断升格和逐步强化的趋势，在"一五"计划结束以后迎来了一个转折点。1958~1959年，在特殊的时代背景条件下，我国的中央政府组织机构再次进行大规模的调整。到1959年底，国务院下设部委共39个，直属机构14个，还有6个办公机构和1个秘书厅，共60个部门（1956年底时共81个部门）。②

在这一背景下，1958年2月，第一届全国人民代表大会第五次会议根据国务院总理提出的议案，决定"撤销国家建设委员会。国家建设委员会管理的工作，分别交由国家计划委员会、国家经济委

① 城市人口规模统计均包括郊区农业人口。
资料来源：城市规划工作中的主要情况和问题（1952-1957）[Z]. 建筑工程部档案.

② 中华人民共和国中央政府机构（1949-1990年）[M]. 北京：经济科学出版社，1993：9.

员会和建筑工程部管理”，“建筑材料工业部、建筑工程部和城市建设部合并为建筑工程部”。[①] 与此同时，城市服务部、全国供销合作总社（群众经济组织）与商业部合并，组建新的商业部。[②]

改组后的建工部，下设城市规划局、基本建设局、市政建设局等机构，既是管理建筑、建材等的专业部门，又是城乡建设的综合管理部门[③]，中央城市设计院为其下属单位之一。由此，之前多部共管城市规划工作的格局宣告结束，全国城市规划工作的领导体制大致又回归到“一五”早期由国家计委和建工部双重领导的局面。

1958 年以后，与城市规划工作有关的几个重要部门的一些重大变化情况[④] 如下：

国家计委——1964 年中央决定成立“小计委”，原“大计委”主要负责处理计委的日常事务。1998 年更名为国家发展计划委员会。2008 年改组为国家发展和改革委员会。

国家建委——1958 年 9 月成立国家基本建设委员会（统称二届建委，陈云任国家建委主任），1961 年 1 月撤销。1965 年 3 月成立国家基本建设委员会（统称三届建委，谷牧任国家建委主任）。1979 年 3 月分出建筑材料工业部、国家城市建设总局、国家建筑工程总局、国家测绘总局和国务院环境保护领导小组办公室（后 4 者

---

① 《住房和城乡建设部历史沿革及大事记》编委会 . 住房和城乡建设部历史沿革及大事记[M]. 北京：中国城市出版社，2012：20-21.

② 中华人民共和国中央政府机构（1949-1990 年）[M]. 北京：经济科学出版社，1993：9.

③ 《住房和城乡建设部历史沿革及大事记》编委会 . 住房和城乡建设部历史沿革及大事记[M]. 北京：中国城市出版社，2012：20-21.

④ 本部分内容主要来源于下述两本文献，不再逐一作详细注释：
[1] 中华人民共和国中央政府机构（1949-1990 年）[M]. 北京：经济科学出版社，1993.
[2]《住房和城乡建设部历史沿革及大事记》编委会 . 住房和城乡建设部历史沿革及大事记[M]. 北京：中国城市出版社，2012.

由国家建委代管），谷牧、韩光先后任国家建委主任。1982 年 5 月撤销（有关机构并入新成立的城乡建设环境保护部）。

国家经委——1970 年 5 月撤销。1978 年 4 月成立国家经济委员会，1988 年 5 月撤销（与国家计委合并组建新的国家计委，部分职能并入国家体改委）。

建工部——1965 年 3 月划归国家建委领导，1970 年 6 月撤销（有关机构并入国家建委）。1982 年 5 月以国家建委的部分机构和国家城市建设总局、国家建筑工程总局、国家测绘总局以及国务院环境保护领导小组办公室合并组建城乡建设环境保护部。1988 年 4 月改组为建设部。2008 年 3 月改组为住房和城乡建设部。

在国家有关部门不断调整的过程中，城市规划领导机构也多有变化。就 1960 年代而言：1960 年 9 月，建工部的城市规划局和城市设计院移交国家建委领导；1961 年 1 月，国家建委撤销，城市规划局和城市设计院移交国家计委领导；1964 年 4 月，国家计委城市规划局和城市规划研究院（1963 年 1 月由原城市设计院改称）被划归国家经委领导，后城市规划研究院于当年被撤销（部分人员并入国家经委城市规划局）；1965 年 3 月，国家经委城市规划局被划归国家建委领导；等等。

此外，在改革开放以后，还有一些与城市规划建设工作密切相关的新部门的成立，主要包括：

国家土地管理局——1986 年 3 月以城乡建设环境保护部和农牧渔业部的有关土地管理业务连同人员为基础成立，为国务院直属机构。1998 年升格为国土资源部。2018 年撤销（改组成立自然资源部）。

国家环境保护局——1988 年 8 月以城乡建设环境保护部所属国家环境保护局（其前身为 1975 年 5 月成立的国务院环境保护领导小组办公室，由国家建委代管）为基础成立，为国务院直属机构。1998 年升格为国家环境保护总局。2008 年升格为环境保护部。2018 年撤销（改组成立生态环境部）。

1.6 苏联专家对我国规划机构建设的建议及影响

在新中国成立初期，全国范围内曾掀起“全面向苏联学习”的热潮，城市规划建设方面也不例外，特别是 1949~1960 年期间曾有多个批次的苏联专家在中国进行技术援助活动。那么，对于中国规划机构建设这一问题而言，苏联专家的技术援助活动是否有一些意见或建议，其实际影响又如何呢?

1.6.1 相关的一些档案信息

就 1952 年 9 月召开的首次全国城市建设座谈会而言，苏联专家穆欣曾在会议上作重要报告，介绍苏联城市规划建设的理论与实践经验，并对中国同志所关心的一系列问题进行解答，其中谈到苏联城市规划建设管理的体制及机构设置。但是，从档案记录来看，穆欣报告的内容更多地偏重于规划技术方法和规划理论层面，关于苏联规划机构的内容只是经验和情况介绍而已，并未对中国规划机构的建设发表具体明确的意见。①

1953 年 10 月 7 日，建工部城建局在向建工部党组提交《对城市建设局工作的意见》报告的结尾指出：“我们征求专家意见时，

---

① 对该问题的进一步了解可参见拙文：
[1] 李浩．苏联专家穆欣与新中国首次城市建设座谈会（上）[J]. 北京规划建设，2018（3）：163-165.
[2] 李浩．苏联专家穆欣与新中国首次城市建设座谈会（下）[J]. 北京规划建设，2018（4）：161-163.

穆欣说：'在今年一月已提出一个组织条例，目前没有新情况，没有理由改变他拟的那一条例'。巴拉金不愿与沙［扎］瓦斯基谈，他说有意见向鲍金[①]提出。故把今年一月专家所提条例附上"。[②]这表明，早在1953年1月前后，苏联专家穆欣曾对建工部城建局的组织机构问题发表过意见，而当时的机构设置方案（图1–2）或许已经融入穆欣的一些建议。

1953年8月18日，建工部所属城建局和设计院联名向建工部党组提交《关于苏联设计组织系统与分工及我们的意见给陈部长[③]并党组的报告》，报告开篇指出"根据党组扩大会指示，为了解苏联关于设计组织机构及其任务分工方面的经验，作为我们调整设计组织的参考，我们先后访问了本部专家穆欣、巴拉金，及重工业部专家克里奥诺索夫三位同志……"[④]这份报告较为详细地介绍了苏联的军事工程设计系统、工业建筑设计系统和城市建设设计系统三大设计系统及其分工情况（其中与城市规划最密切的即城市建设设计系统），进而对我国的设计机构建设提出了明确的建议。正是在此报告的基础上，建工部党组于1953年10月23日向国家计委和中央上报"关于设计机构调整方案"[⑤]，经批准而成立了设计总局及中央、华东、中南、华北、东北五个设计院。可见，就我国建筑规划

---

① 这里谈到的沙［扎］瓦斯基是受聘于重工业部的一位苏联专家，鲍金是建工部苏联专家顾问组组长。

② 城市建设局．对城市建设局工作的意见（1953年10月7日）[Z]．城市建设部档案．

③ 指陈正人，建工部第一任部长（任期至1954年8月）。

④ 城建局，设计院．关于苏联设计组织系统与分工及我们的意见给陈部长并党组的报告[Z]．城市建设部档案．

⑤ 中央批转建工部党组关于设计机构调整方案的报告[Z]// 国家计委．国家计委会请中央批转建工部党组关于设计机构调整方案的报告（〔53〕建发酉字24号）（1953年11月3日）．建筑工程部档案．

设计系统的建设而言，苏联专家穆欣和巴拉金等的咨询意见曾起到一定的影响作用。

有意思的是，8 月 18 日的报告中还提到："关于培养干部及后备力量问题，本部至少应掌握一个城市建设及建筑学院和一个土木建筑工程学院，前者可由城市建设局、后者可由工业建筑设计总局在部的方针政策下，进行具体业务领导。建议前者由清华大学内拨出，后者由同济大学改称。"① 这一提议显然未能实现。

1954 年 6 月，全国第一次城市建设会议曾就《中央建筑工程部城市建设总局组织机构表及说明》展开讨论，档案中记载其组织机构方案（图 1-4）"仅是过渡性的组织机构"并系"根据［苏联］专家建议"②，而这一时期在华并受聘于建工部的苏联专家主要是巴拉金（已来华一年时间）和克拉夫秋克（当月刚到中国），这表明他们两人（或其中之一）曾对建工部城建总局的组织机构提出过意见。

1954 年 7 月 16 日，苏联专家巴拉金和克拉夫秋克与建工部城建局局长孙敬文等进行谈话。在这次谈话中，除了对重点工业城市的规划工作发表意见之外，克拉夫秋克还特别对规划设计机构的建立问题提出急切的建议，甚至提出"应该采取革命的手段"等非常措施，苏联专家的建议对中央城市设计院的成立起到了助推和加速的作用。③

---

① 城建局，设计院．关于苏联设计组织系统与分工及我们的意见给陈部长并党组的报告[Z]. 城市建设部档案．

② 中央建筑工程部城市建设总局组织机构表及说明 [Z]. 建筑工程部档案．

③ 关于这一问题，详见拙著《八大重点城市规划》第 7 章"规划技术力量状况：国家'城市设计院'成立过程的历史考察"中的有关内容。

资料来源：李浩．八大重点城市规划——新中国成立初期的城市规划历史研究 [M]. 北京：中国建筑工业出版社，2016.

1.6.2 苏联专家克拉夫秋克等关于成立城市建设部的集体建议

就国家规划机构建设而言，除了上述情况之外，苏联专家还有其他一些比较明确的建议，并迄今保存有较详细的档案记录。

1955年1月31日，苏联专家克拉夫秋克通过其专职翻译邀请张霖之、孙敬文和贾震等领导谈城市规划建设系统的领导机构问题。首先经过简单的介绍后，克拉夫秋克同志即开始发言："现在国家建设委员会有一个城市建设局，工作也建立了一部分"，"建委的城建局的任务是：①审查设计；②编制定额；③监督工作。建委的城建局不包括设计机构，也不包括领导省市的工作，也不组织进行勘察测量工作，即城市建设的执行性的工作不由它负责。现在把建筑工程部的城市建设局划出后，便产生了许多问题。"为此，克拉夫秋克提出建议："除建委的城建局外，应成立一个城市建设部。"[①]

"是否在中国目前情况下成立一个城市建设部呢？"克拉夫秋克对自己所提出这一问题的回答是：

根据中国目前情况是应该成立一个城市建设部。其主要任务是进行重点城市的建设工作。

过去曾提出在国务院下成立城市建设总局，如此则城市建设总局与建委是平行的机构，责任关系很难搞，故应设立一个部，与建委平行。城市建设部应建立勘察测量部门、设计机构、施工机构，即凡是城市的勘察测量、设计、施工都包括在内，同时领导各省、市的建筑工作。

城市建设部应搞实际工作，建委城建局则搞审批、制定规章定额及进行监督工作。

① 克拉夫秋克专家城市建设总局组织问题（一）[Z]. 建筑工程部档案.

总之，中国应有全国性的城市建设领导机构（建委的城建局），还应有执行机构（城市建设部），现有的两个局的工作很难分开。目前若城［成］立部有困难，前曾向薄［一波］主任建议将两个局合在一起，领导可以统一起来，以后成立城市建设部。两个局合并后，除作建委工作外，还应准备成立城市建设部的工作。等城市建设部成立后，留给建委一个局，那时现在建筑工程部的地方设计机构、施工机构均应交城市建设部。在成立部之前，施工部分暂交建筑工程部，在准备期间也可以积累经验和［培养］干部。[①]

对于中国规划机构的建设问题而言，这是苏联专家所发表的一份相当重要的意见。这份档案中还记载："以上这些意见是经过星期六［1 月 28 日］、星期一［1 月 30 日］上午两天专家们讨论的共同意见。参加讨论的专家有：计划委员会顾问班克夫，建委顾问组长克里瓦诺索夫、顾问克拉夫秋克，建筑工程部顾问组长斯维里多夫、顾问巴拉金。"[②]

这表明，克拉夫秋克上述谈话的内容，代表的是国家计委、国家建委和建工部多位权威的苏联专家在认真研究和讨论后所提出的一个集体意见。同时还应注意到，这样的一项建议，是苏联专家主动研究并主动邀约中国的有关领导当面提出的。由此可见，在当时，关于国家规划机构的建设已成为一个十分重大的问题，而苏联专家们对此也是极为重视的。

然而，"不幸"的是，这次谈话的时间是 1955 年 1 月 31 日——是在国务院作出成立城建总局这一重要决策以及中共中央下达干部

---

① 克拉夫秋克专家城市建设总局组织问题（一）[Z]. 建筑工程部档案 .

② 同上 .

任命通知之后。换言之，苏联专家们的建议，在时间上迟晚了一步。1 月 31 日谈话记录的最后几行文字如下：

张霖之同志问：总局成立后是否管施工？

专家说：过去成立一个总局，行不通，还是提出成立一个部为好，把施工也管起来。

张霖之同志把国务院决定及薄［一波］主任通知告诉了专家。

专家表示：在研究此问题时还不知此决定。下午再继续谈。

这里所提到的“国务院决定”，即 1954 年 12 月 20 日国务院下发的关于成立城建总局的通知；而“薄［一波］主任通知”，也就是 1955 年 1 月 28 日中共中央关于张霖之等领导任命的通知。

由这一案例可见，对于中国某些具体情况或信息的了解而言，来华从事技术援助活动的苏联专家，有时其实是有点“时差”的。

不过，尽管克拉夫秋克等多位苏联专家关于建立城市建设部的建议在 1955 年初因迟后于中国方面的决策而失去其现实指导意义，但之后一段时间内的形势变化，特别是 1956 年城市建设部的最终成立，却又使苏联专家的这一建议成为现实。

1.6.3 苏联专家巴拉金对国家城建总局城市规划局机构建设的建议

在 1955 年成立国家城建总局以及 1956 年建立城市建设部以后，关于中国城市规划建设的组织机构问题，克拉夫秋克和巴拉金等苏联专家又提出过一些意见和建议。

仅以 1955 年 4 月 28 日国家城建总局局长万里主持研究城市规划局组织机构问题的局长办公会为例，苏联专家巴拉金即曾发表如下：

总局的机构有几个方案：四个局的和三个局的。经济处、资料处和规划处［可］合在一起；经济处可放到工程局去，资料处也可放到工程局内，或放到省市。因此，在城市规划修建局下设三个处：城市规划设计处，直接管理中央的和省市分院；民用建筑设计处，管理中央的设计院和省市分院；新技术□□处，管技术出版社、科学研究所、建筑艺术监督处、标准定额科、古迹研究监管处。在局下成立建筑技术艺术委员会，由局长、处长和有关技术人员参加。科学研究所、建筑监督处在一、二年后再独立出来。①

巴拉金的这一建议，也得到了一定程度的采纳。万里局长在总结讲话中指出："组织机构，根据大家意见，设规划处、办公室（或秘书科）、技术处（为全局负责）、民用与公用建筑设计处、直属计划科（负责计划平衡、任务排队）。设立建筑技术艺术委员会。"②

1.6.4 简要的评价

那么，究竟应该如何看待苏联专家对中国规划机构建设的影响？笔者认为，不妨可以用"积极建议、影响有限"来加以概括。

苏联专家对中国城市规划工作的帮助，更多的是属于"技术援助专家"的身份，他们所擅长的，也更多地侧重于规划技术内容，正因如此，对于中国有关规划设计技术方法、规划文件编制、规划标准研究和多方案技术比选等一系列技术性问题，苏联专家常常发表相当明确而肯定的，同时也饱含自信和权威色彩的决策性咨询意见，甚至往往一锤定音。在"全面向苏联学习"的政治和社会形势下，对于中国规划机构的建设问题，苏联专家在不同时期也多次积

---

① 局长办公会议记录第16号（讨论城市规划设计局的任务、组织等问题）[Z]. 城市建设部档案.

② 同上.

极介绍苏联的情况和经验，甚至大胆提出一些较为明确的意见或建议，苏联专家所提意见和建议，当然也是中国有关机构及其领导者在对规划机构建设问题作出决策时的重要考量因素之一，但是，就中国政府机构的建设问题而论，它毕竟更加侧重于政策和制度等方面，而非技术性问题，况且它又很容易联系到新生的中国人民政权的“主权”问题，故而，苏联专家在该方面的意见和建议，实际影响必然是相当有限的。

1.7 几点粗浅的思考

1.7.1 国家规划机构建设发展的基本趋势

基于上文的简要梳理不难理解，在新中国成立初期，国家规划机构的建设呈现出不断升格和逐步加强的基本趋势（图 1-5），这是由当时国家大规模工业化建设的时代背景所决定的。出于配合一大批重点工业项目建设等的实际需要，城市规划工作得到前所未有的高度重视，国家规划机构在不断建立和调整的过程中也逐渐适应了社会经济发展的要求，城市规划工作为新中国的社会主义建设作出了重要的贡献，这段时期也被誉为新中国城市规划发展的第一个春天。[①]

然而，如果我们把目光跳出“一五”时期，以 1958 年的部委大调整为代表，国家规划机构的调整和变化又是颇为频繁的。正所谓“天下大势，分久必合，合久必分”。可以讲，国家规划机构不可能长期保持某一种格局而静止不变，作为政府机构的组成部分之

① 周干峙．迎接城市规划的第三个春天 [J]. 城市规划，2002（1）：9-10.

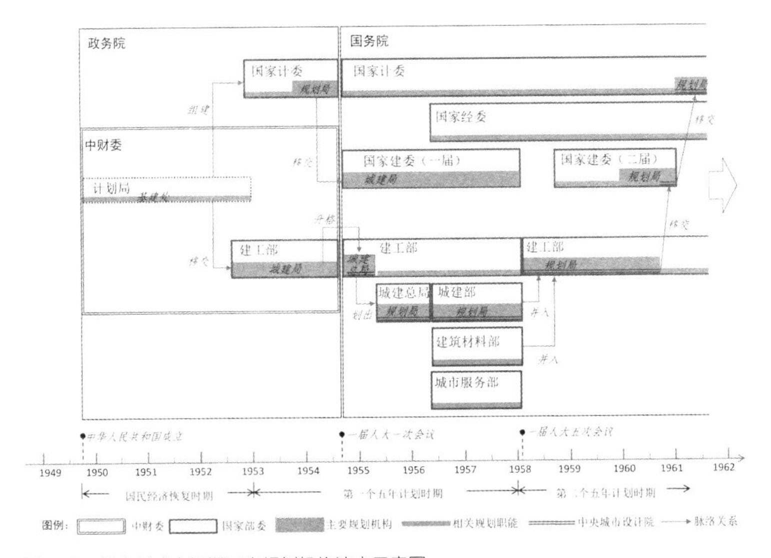

图 1-5　新中国成立初期国家规划机构演变示意图

注：1. 以线框方式表示有关机构，以色块表示其规划机构或有关规划职能，横轴表示存在时间；2. 由于各部委下设机构众多（如中财委下设财经人事局、技术管理局等多个工作机构，并辖重工业部、燃料工业部、纺织工业部、铁道部等大量部委），本图仅表示与城市规划建设工作密切相关的个别机构。

一，它总是要在国家建设的历史进程中因应某一时期的特殊时代诉求而作出相应的变革。也正因如此，如果我们从历史的视角把目光稍稍放长远一些，大可不必过于纠结于国家规划机构在某一特定时期的特殊状态。

近 70 年来，由于其频繁的调整，国家规划机构经历了多种不同的体制环境和运行模式，那么，是否存在一个最佳或较理想的模式？对这一问题的回答，尚需要对其他历史时期相关机构的设置运行情况及城市规划工作的实际成效等进行全方位的综合评价。在笔者看来，1954 年底中共中央和国务院曾决定在国家建委下设立直属的城市建设总局，这可能是一种较理想的模式。尽管这一模式在当时并未得以实现，但是在 24 年之后却获得了别样的实现——1979 年 3 月，在国家建委下成立了包括国家城市建设总局在内的几个总局。就当时的规划格局而言，一方面，由国家建委统一领导全国的城市规划及各项建设事业，有利于城市规划工作与国土、环保和建设等相关职能部门的协调与配合；另一方面，在国家城建总局下又设立有其规划设计机构——国家城建总局城市规划设计研究所（中国城市规划设计研究院的前身，其基础是 1973 年在国家建委建筑科学研究院下设立的城市建设研究所），从而对国家建委及国家城建总局的各种宏观决策和管理形成强有力的技术支持。遗憾的是，由于 1982 年国家建委被撤销，这样的一种体制模式未能在一个较长的时期内得以稳定运行并接受实践的检验（1982 年组建的城乡建设环境保护部在成立早期实际上仍然承担有国家建委的角色，直到 1986 年国家土地管理职能分出后逐渐终结）。展望未来，我们仍可以对这一模式的再现充满期待。

1.7.2 城市规划与空间规划体系

反观本章的讨论不难发现，在新中国成立初期尚没有“空间规划”这一概念。尽管如此，当时的城市规划工作作为“国民经济计划的延续和具体化”，由于其偏重于物质环境建设的空间落实，并以规划总图的设计为其核心技术内容等特点，无疑正具有空间规划的实质内涵。我们不禁要问，对于新中国规划体系的发展演变而言，“空间规划”这一概念又是在何时、因何缘故而得以出现的呢？本书第 3 章将就我国规划体系的发展演化作粗浅的讨论。从规划史研究的角度，笔者认为“空间规划”概念在我国的出现有三个重要时期，并表现为不同的内涵特征：

第一个时期是 1986 年国家土地管理局成立及同年《土地管理法》出台后，国土部门开始编制土地利用规划。此后，在城市规划和区域规划编制历史上应用已久的“土地使用规划图”这一技术名称，开始逐渐采用“空间布局规划图”或“空间规划图”等替代性称呼，之所以如此，主要是为了与国土部门的“土地利用规划图”相区别，“空间规划”的概念正是在这样的时代背景下开始出现的。应该说，所谓空间规划，是传统的城市规划与新出现的土地利用规划在产生交叉或重复矛盾以后才大量出现的。而在早期，空间规划的概念更多地出现于城市规划工作的文本或技术文件之中，主要涵盖在城市规划工作范畴之内。

第二个时期是2013~2017年，党的十八大以后，在国家的一些重要文件及重要领导人的讲话中，开始较频繁地出现“空间规划体系”这一用语。值得注意的是，国家重要文件中所谓的空间规划体系是有一定内涵指向的，以2015年9月由中共中央和国务院联合颁发的《生态文明体制改革总体方案》为例，文件中明确要求“构建以空间治理和空间结构优化为主要内容，全国统一、相互衔接、分级管理的空间规划体系，着力解决空间性规划重叠冲突、部门职责交叉重复、地方规划朝令夕改等问题”，“整合目前各部门分头编制的各类空间性规划，编制统一的空间规划”。[①] 不难理解，这里所谓空间规划，是包括城市规划和土地利用规划等在内的，对于多种不同的相关规划加以统称的一个概念，其明确的政策指向则是各类规划的统筹和协调，因为在国家重要文件中不可能出现偏向于某一类规划的用语而被评论为对其持偏袒态度。在这一时期，所谓空间规划，在实质上只是一种折中的公文行文手法而已，并不属于技术性的范畴。

第三个时期也就是最近一年时间。2018年3月国家宣布成立自

---

① 中共中央，国务院印发《生态文明体制改革总体方案》[N/OL]. 新华网，2015-09-21[2018-12-18]. www.xinhuanet.com/politics/2015-09/21/c_1116632159.htm

然资源部以及 2018 年 11 月 18 日中共中央和国务院联合下发《关于统一规划体系更好发挥国家发展战略规划导向作用的意见》（中发〔2018〕44 号）以后，空间规划这一概念的内涵已经发生了一些全新的变化。可以说，当前所谓空间规划这一概念，之前所承担的对于各类相关规划加以统称的历史使命已经终结，而更多地趋向于和正在表现为在新一轮党和国家机构调整之后，国家自然资源主管部门所相应肩负的规划管理职责，以及自然资源部门对于自身如何履行这一职责而作出的一些规划制度设计与安排。尽管国家空间规划体系的设计方案（目前尚未出台）将来仍要由中央来批复，但毫无疑问，国家自然资源主管部门的一些理论认知和行政倾向仍将发挥其重要影响。

通过比较两者的学术趋势，对于空间规划与城市规划这两个概念的认识也是十分有益的。由中国知网所获得的统计结果可以明显看出，在 1990 年代以来中国快速城镇化发展的历史进程中，在相当长的一个历史时期内，以学术关注度为具体表征，“空间规划”是一个无法与“城市规划”相提并论的概念；而在最近两三年以来，随着国家政策的重大变化与影响，“空间规划”一词的学术关注度迅速升温，其用户关注度甚至已对“城市规划”一词形成反超（图 1-6）。

由此，便过渡到大家十分关心的一个话题：在未来关于国家空间规划体系的制度设计中，城市规划将扮演何种角色？在已公布的自然资源部“三定方案”中，只是在“国土空间用途管制司”这一机构的职能中出现了与之相关的一句话：“拟定开展城乡规划管理等用途管制政策并监督实施”。这不禁令广大城市规划工作者唏嘘不已。本章的历史梳理清晰地表明，早在新中国成立初期，城市规划工作就对国家的工业建设和城市建设发挥了十分重要的服务和保障作用。

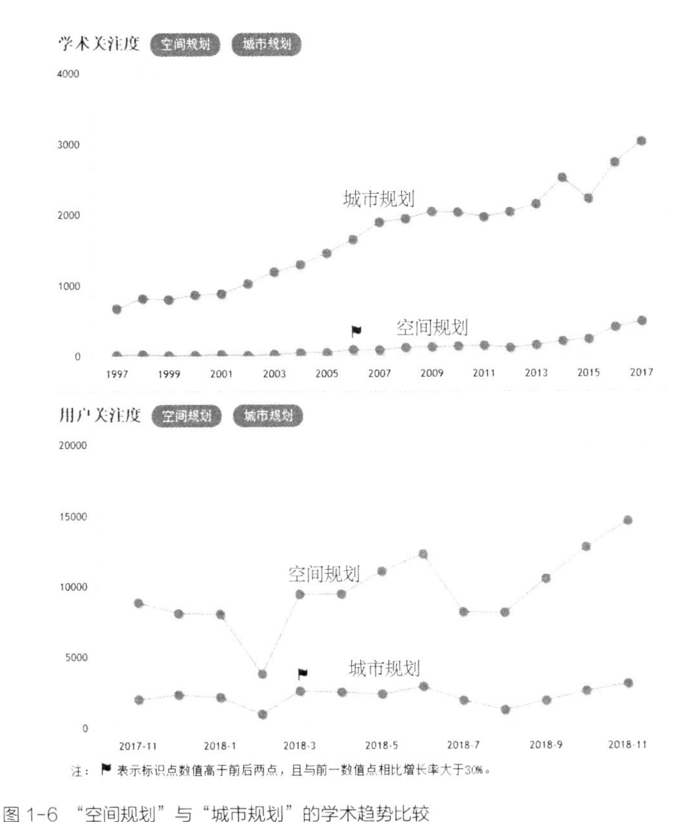

图 1-6 “空间规划”与“城市规划”的学术趋势比较

注：根据中国知网“学术趋势”分析平台生成，有关数据主要反映在主题（包含题名、关键词和摘要）中被检索出特定名词的文献的数量。该平台的网址为：http：//trend.cnki.net/TrendSearch/

当前，尽管已经不是60多年前大规模工业化建设的时代背景，然而，城镇化率早已超过50%、大量城镇和居民的人居环境质量亟待提升等诸多新型城镇化发展的新命题，都迫切需要通过加强城市规划管理这一宏观调控的基本手段加以有效应对，在这样的一个新时代，城市规划工作的作用怎么能够被削弱呢？即便当前不为重视，从历史的视角看，在未来发展的进程中，新中国成立初期时那种城市规划机构不断升格与加强的局面，是否又会再次重现呢？

或许有人说，有关部门可以采取更名的方式而仍然延续或替代以往的城市规划工作。值得考量的是，经过近 70 年的不断发展，我国城市规划工作早已形成了十分复杂的网络系统，包括人才教育与专业设置、行业管理与标准规范等诸多千丝万缕的关系在内，那么，简单的名词变更而仍行其内容之实，这种极不严肃的做法将会引发什么样的后果？又将会付出何种代价？它是否符合历史唯物主义的态度呢？

1.7.3 规划与建设的关系

回顾中国当代城市规划发展历程，近 70 年来，不论从早期规划机构的名称——“城市建设局（城市规划修建及公用事业建设局）”来讲，或者就城市规划工作长期由国家建设委员会、建筑工程部、城市建设总局和城市建设部等部门领导的隶属关系而论，始终是与“建设”密不可分甚至携手而行的，由此还形成了“先规划、后建设”“规划指导建设”和“规划为建设服务”等根深蒂固的文化传统。2018 年国家机构再次调整后，“城乡规划管理”职能从城乡建设领域剥离出来，这将会对城市规划工作和城乡建设活动产生何种深远的影响？

早在 1954 年 6 月全国第一次城市建设会议期间，与会代表曾就“城市建设与城市规划的方针任务是否一致”这一问题展开争论，“最后大家一致认为，不必在名词上兜圈子，大家同意先有城市建设的方针任务，规划是为实现城市建设方针任务而采取的具体措施，所以，两者是一致的。”[①] 同样的道理在于，作为具体措施或手段的

① 大会简报第五号（1954 年 6 月 18 日）[Z]. 建筑工程部档案 .

城市规划，与作为工作任务或目标所在的城市建设相分离后，如何保障二者的相互配合与协调统一？

就此问题而言，可以预测，在城乡规划管理职能并入自然资源系统之后，自然资源系统，特别是负责国土空间用途管制和国土空间规划的相关机构，必然也将面临如何与住房城乡建设系统的相关责任机构展开密切沟通与协作的现实问题。城市规划设计成果如何在各项建设中具体落实？城市规划管理如何正确引导和调控城乡建设？且让我们拭目以待。

1.7.4 国家规划设计与科学研究机构建设的命题

在新中国成立初期国家规划机构逐步建立与发展的过程中，从早期的建工部城建局和城建总局，到后来直属于国务院的城建总局以及此后相对独立的城市建设部，其相关规划业务工作始终处于颇为紧张甚至疲于奔命的局面，原因何在？一个重要因素正在于国家规划机构本身所担任的角色——要为一大批重点城市编制出科学合理的城市规划、区域规划和详细规划方案文件等，包括与之相关的提供技术协助、研究规划标准规范与技术方法，以及开展规划审批前的技术审查与综合论证等工作在内。简言之，新中国成立初期的国家规划机构，特别是处于略低管理层级的建工部城建（总）局或国家城建总局，更多地表现为“规划编制与科学研究”这样一种部门角色。

1956 年 1 月 13 日，苏联专家克拉夫秋克对国家建委城建局 1956 年工作计划发表意见时，也明确指出：“城市建设总局是编制规划设计的部门，不是审查[批]机关，它的力量应放在编制质量好的规划图上，作[做]完了再由建委审查[批]。目前，建委在某些方面代替了总局的工作，如帮助修改规划等，去年建委审查郑州规划时，省市先报一图，后又带来一图，总局也带来一个图，使建委工作上很被动，应由总局把工作做完，然后由省市报一个最完美的规划图由建委审查。如建委不代替总局做工作，而负责审查工作，那么审查工作的进行就会很快。”①

时至今日，全国各级城市规划设计机构已达2000多家，城市规划从业人员数量在30万人以上，城市规划工作的技术力量已今非昔比。这样一种局面，使得中央一级政府机构中有关城市规划编制的工作任务与部门责任已大幅缩减。然而，值得注意的是，受规划有偿收费等现实因素的影响，有关城市规划科学研究（特别是基础科学与理论研究，包括规划历史研究在内）的滞后仍是制约规划事业发展最显著的短板；跨地区的宏观性城镇空间规划，贫困及少数民族和边疆地区等特殊类型规划任务，均难以依靠市场机制来完成；国家层面有关城市规划方面的一些重大决策，包括国家战略地区（如首都区域、长江流域等）的规划调控政策、对一大批重点城市的规划审批等在内，仍然需要甚至更加需要公益性的有关规划设计与科学研究机构来提供技术支持与保障。即便就普通的规划任务而言，由于其作为政府行为的特殊性质，以及维护公共利益这一艰巨的使命和要求，宜否依靠有偿收费的规划设计服务市场机制来完成？迄今仍是悬而未决的重要命题，值得引起大家的反思。面对新一轮事业单位改革将导致的重大变革及可能带来的冲击，规划行业特别是领导者应当为规划事业的长远可持续发展谋求睿智的应对之策。

---

① 建委城市局．克拉夫秋克专家关于城市局1956年工作计划的意见（1956年1月13日）[Z]．国家建委档案．

第 2 章

“城市规划”术语定名考

采取人物口述与文献查考相结合的研究方法，对新中国成立初期“城市规划”这一专业术语的定名情况进行了历史考察。在新中国成立初期，城市规划工作是“国民经济计划的延续和具体化”，城市规划和国民经济计划这两个概念既密切相关，同时又有显著差异。当时之所以采用“城市规划”这一术语，主要是考虑到城市规划工作以对城市各项建设活动和物质环境进行总图平面设计为核心任务，并具有法规性内涵及规范性要求，为了与国民经济计划相区别而加以定名。从内涵解析来看，城市规划也就是新中国最早期的空间规划类型，而城市设计则是提高城市规划科学性和艺术性的重要途径。

专业术语是一项工作、一门学科、一个事业得以存在、运行并发挥社会作用的必要的逻辑起点和文化基础，正所谓“名正言顺”，名不正则言不顺、言不顺则事不成。近年来，在社会各方面热议空间规划的过程中，特别是2018年党和国家机构改革方案出台后，国家自然资源主管部门对国家空间规划体系方案进行研究和讨论的过程中，关于城市规划与空间规划的相互关系是社会各方面热议的一个焦点问题，甚至还有城市规划和城市总体规划等概念在新的空间规划体系中将不再出现等传闻。第1章结语部分已对城市规划与空间规划这两个概念作了初步的分析，与城市规划相比，空间规划概念在专业技术工作和科学研究中得以广泛使用的时间相对较晚，甚至在近两三年由于国家政策重大变化的影响才刚刚成为一个较流行的学术概念。值得进一步追问的是，城市规划这一概念，又是在什么时候，在什么样的背景下，出于什么样的原因而被广泛使用的？

另一方面，近年来由于习近平总书记作出关于“不要搞奇奇怪怪的建筑”等城市和建筑风貌问题的一系列重要指示，以及中央城市工作会议等的相关要求，全国上下迅速兴起一股开展城市设计工作的热潮，在这一过程中，有关城市规划和城市设计等概念也成为广泛热议的重要话题，一个相当基本的问题不时令人倍感困惑：城市规划和城市设计之间，究竟是什么关系？

科技术语具有广义或狭义理解之不同。若从广义理解，中国数千年的城市营建活动中，空间规划、城市规划或城市设计的思想理念或技术方法早已有之。然而，在严格意义上，作为一个专业名词并得以广泛使用，与空间规划概念更显专业的城市规划和城市设计这两个概念的历史却并不悠久。在中国古代，主要是一种“规画”

的传统。[1]到了近现代，受国外近现代城市规划理论，特别是日本"都市计画"概念的影响，中国开始较广泛地使用"都市计划"（繁体为"都市計畫"）一词。[2]那么，"城市规划"这一术语是在什么样的时代背景下开始取代"都市计划"的呢？本章试做初步的讨论。[3]

2.1 城市规划前辈的相关回忆

就城市规划术语的定名而言，近年来在规划史研究和拜访规划前辈的过程中，"一五"时期的城市规划工作者多有谈及。2014年

---

① 中国古代的"规画"，又称为计画或谋画，正如其本身词意所传递的信息，一方面，规画受到一些规制或观念的重要影响或制约，《周礼·考工记》所载"匠人营国，方九里，旁三门"等，反映的是处于奴隶社会的周代有关宗法、礼制和等级、尊卑等观念对城市规划建设的影响；与之对应，《管子·乘马》提出"因天材就地利，故城廓不必中规矩，道路不必中准绳"等，则代表着新兴的封建地主阶级力求打破礼制约束、壮大封建力量等"违制"意识或"自由"观念；另一方面，它需要借助于规、矩、准、绳等基本工具，对大地进行观察、测量、营度和利用（武廷海，2011年），是一种需要进行画图等设计性质的工作。这种画图或设计工作，也受到"天人感应"等思想的支配，所谓"仰则观象于天，俯则观法于地"（《周易·系辞下传》），"相土尝水，象天法地，造筑大城"（《吴越春秋·阖闾内传》）。在当时科学技术尚不发达的情况下，风水、方术和阴阳五行等观念，都为规画工作注入新的元素，从而具有一定的神秘色彩。

② 在中国近代，城市规划建设方面占据主流的是"都市计划"，这是源自日本的一个概念，而日本的规划思想又是源自德国等西欧国家。在鸦片战争以后，西方列强通过占领殖民地等的建设活动，不断输入近现代的城市规划理论思想，尤以租界最多、侵占时间较长的日本的影响最为深刻。就中国人或中国政府主导的城市建设活动而言，也鲜明地表现出受日本等国规划思想影响的深刻烙印，譬如国民政府于1939年颁布的《都市计划法》、1946年颁布的《都市计划委员会组织通则》、1947年为筹备"首次全国城市规划会议"而拟定的《全国都市计划会议规程》，采用的均是"都市计划"概念。
与古代的"规画"传统相比，近代"都市计划"的一个重要特点在于城市建设和发展中融入了近现代的工业生产、铁路运输和现代化市政设施建设等新元素；同时，受西方现代政府治理等思想观念的影响，"都市计划"工作中开始出现对城市人口发展、工商业活动以及财政经济和实施运作等方面的研究，从而体现出更加综合的工作内涵。1946~1949年间"上海都市计划"三稿的编制工作为其典型代表，三稿中甚至提出了城市社会与经济组织革新的设想，这与古代"规画"偏于较单纯的工程设计有着显著的不同，体现出城市规划建设思想观念的一种发展和演化。

③ 本章部分内容曾载于《北京规划建设》2016年第4期。

8月27日拜访刘学海先生[1]时，刘先生回忆指出：城市规划工作方面的一些问题，有很多还没有认真地总结过。而且连"城市规划"这个概念，好像都是新的，是从别的学科，比如说从建筑行业里头脱胎出来的。以前并没有"城市规划"这个名词。当然，过去也有过"都市计划"等类似概念，但是却并没有"城市规划"。

2015年10月9日拜访魏士衡先生[2]时，魏先生谈道：从我上大学到毕业，从来就没听说过什么是"城市规划"，不知道有城市规划这项工作。我是搞园林的，脑子里面只想到一些小的东西，至于城市是什么问题，脑子里没有什么概念。我们开始上班以后，一听说要搞城市规划，就都懵了，因为从来没听说过这个名词。当时为什么叫"规划"？据说是当年在翻译俄文时，感觉"计划"是一个资本主义国家的说法，我们解放了，不能用这个词，于是想出了"规划"这个词。

---

① 刘学海，1930年11月生，山西左权人。1945年7月参加工作。1950~1951年，在中央团校学习。1952年11月调入北京，在建筑工程部城市建设局工作，于1953~1954年参与中央城市设计院的筹建。1955~1969年，先后在国家城建总局、城市建设部、建筑工程部和国家建委等工作。1969~1972年，在湖北十堰第二汽车制造厂工作。1973年调回北京，先后在国家建委城建局、国家城建总局、城乡建设环境保护部等工作，曾任规划处副处长、城市规划局副局长、办公厅副主任等。1990年离休。

② 魏士衡（1930.01.18~2016.09.26），河南唐河人。1949~1952年，在上海复旦大学园艺系学习，1952年院系调整后在沈阳农学院园艺系学习。1953年7月毕业后，分配至建筑工程部城市建设局工作。1954~1962年，在中央城市设计院/城市规划研究院工作。1962~1965年，在安徽阜阳地委锻炼，参加恢复农业生产及"四清"工作。1965年8月调回北京，在国家建委施工局工作。1969~1971年，在江西清江国家建委"五七"干校劳动。1971~1978年，在陕西第二水泥厂筹建处、陕西耀县水泥厂、陕西省建材局等工作。1978~1982年，在国家城建总局城市规划设计研究所工作，任园林规划室负责人。1982年起，在中国城市规划设计研究院工作，曾任城市规划历史及理论研究所副所长。1992年退休。

2015 年 10 月 20 日拜访徐钜洲先生[①]时，徐先生指出：英文的 plan 一词，也是计划和规划两种含义，而设计则是针对具体的城市单元。城市的总体规划，应该是 plan。有些小城市的设计，具体的一些街坊的设计，英文中有时候也叫设计。之所以用规划，我听说，这是我们的创造，也可能是刘达容他们翻译人员的创造。后来一直用的是规划。具体情况，可能翻译人员知道得多一些。

上述几位规划前辈的回忆，对我们认识城市规划术语的定名提供了重要线索。然而，这些谈话还不够系统和深入，由此尚不能获得对城市规划术语定名缘由较清晰的认识。

2.2 陈占祥先生的两次谈话及岂文彬先生的翻译工作

就城市规划的定名而言，相关研究中得到广泛引用的，当属著名城市规划学者陈占祥先生的一段谈话："我们在 [19]50 年代初学习苏联经验时，苏联专家穆辛［欣］同志花了很大的劲，企图向我们说明计划与城市设计的区别。在俄语中，这两个词的区别极其微小，只在字尾有一点儿小区别。翻译岂文彬同志在没有办法的情况下，暂时用了'规划'一字，使之区别于'计划'，结果，规划一直沿用至今，而今天'计划'与'城市设计'（规划）实际上仍混

---

① 徐钜洲（1930.11.09~2018.06.28），曾用名徐巨洲，浙江嘉兴人。1949~1953 年，在上海复旦大学 / 沈阳农学院园艺系学习。1953 年 7 月毕业后，分配到建筑工程部城市建设局参加工作。1955~1960 年，先后在国家城建总局、城市建设部、建筑工程部的城市规划局工作。1960~1969 年，先后在国家建委城市规划局、国家计委城市建设计划局、国家经委城市规划局、国家建委设计局工作。1969 年 6 月至 1973 年 3 月，在江西清江国家建委"五七"干校劳动。1973~1979 年，在国家建委政工组、城市建设局工作。1979~1982 年，在国家城建总局城市规划局工作，任副处长、处长。1982 年起，在中国城市规划设计研究院工作，1983 年 11 月任副院长；《城市规划》杂志副主编。1996 年退休。

在一起，不过规划代替了计划而已。”

陈占祥先生的这段谈话，载于 1991 年第 1 期《城市规划》[①]，谈话时间应该是在 1990 年。此时，陈先生已经完成英国《不列颠百科全书》中 2 万余字“城市设计”条目的翻译工作（1983 年）[②]，对城市设计概念有着相当深刻的理解。然而，陈先生对于城市规划、城市设计和城市计划相互关系的基本主张究竟如何呢？仅从上面的这段谈话，尚不能使我们获得透彻的理解。

陈占祥晚年的另一段谈话，有助于对此问题的进一步认识。“最滑稽的是规划和计划这两个词。[19]50 年代初，苏联专家穆辛［欣］一听说都市计划委员会这个名称，就表示反对，说这不是计划，而应是城市设计，他认为城市设计是计划的一部分。穆辛［欣］是莫斯科的总规划师[③]，我最欣赏他。他的本意是计划与城市设计不能分家，他多次讲了这个问题，但翻译翻不出来，就用规划这个词来代替城市设计。所以，都市计划委员会后来改名为都市规划委员会。[④]这很滑稽，穆辛［欣］的本意是城市设计，而我们却只认为是规划，只不过把计划这个词改成了规划而已。”

陈先生的这次谈话，缘于新华社记者王军就“梁陈方案”问题

---

① 陈占祥教授谈城市设计 [J]. 城市规划，1991（1）：51-54.

② 陈占祥译 . 城市设计 [J]. 城市规划研究，1983（1）：4-19.

③ 对于苏联专家穆欣曾担任莫斯科总规划师这一情况而言，笔者只在这一口述记录中看到过，为单一线索，是否属实有待进一步考证。

④ 1955 年 2 月，中共北京市委和北京市政府决定成立北京市都市规划委员会，成立于 1949 年 5 月的北京市都市计划委员会即宣告结束。1955 年成立的北京市都市规划委员会主要在中共北京市委领导下开展工作，与同期成立的中共北京市委专家工作室一起办公，其主要任务是在 1955 年来华的苏联规划专家组的指导下，进行北京城市总体规划的研究和编制工作。
资料来源：北京市城市规划管理局，北京市城市规划设计研究院党史征集办公室 . 组织史资料（1949-1992）[R]. 1995：10-32.

的一次登门拜访，谈话时间为1994年3月2日。略有遗憾的是，这次谈话是在陈先生逝世后所做的整理，未曾得到陈先生本人的审阅校正。从陈先生这次谈话的内容来看，似乎更倾向于使用城市设计而非城市规划这一概念。这一点，可能与陈占祥先生的教育背景有一定联系，因为他早年在英国利物浦大学就读时，所学专业正是城市设计（Civic Design）。在欧美国家近现代城市规划发展过程中，城市设计的确也是一个比较流行的概念，尤其是在规划教育领域。

陈占祥先生1990年谈话中所谈到的岂文彬先生，早年就读于哈尔滨工业大学，新中国成立初期在北京市城建局工作，是引介苏联规划理论的一位重要翻译人员。[①] 岂文彬先生曾翻译的《城市规划：技术经济指标和计算》一书，于1954年7月由建筑工程出版社正式出版（图2-1）。该书作者为苏联规划专家雅·普·列甫琴柯。这本中译本是新中国成立初期在我国传播最广、影响颇大的苏联规划名著之一。

实际上，在岂文彬先生这本译作出版之前，国内已经出版了该书的另一个版本——刘宗唐先生翻译，于1953年11月由时代出版社正式出版（图2-2）。刘宗唐先生同样毕业于哈尔滨工业大学，新中国成立后在北京建筑工程学院[②] 任教。刘宗唐先生和岂文彬先生的翻译工作，所依据的俄文著作版本略有不同，分别是1947年的

---

① 岂文彬（1908-1980年），曾用名廖凯、祁文凯、进道罗夫，1928年考入哈尔滨工业大学学习。参见：郑学军．哈尔滨百年——哈尔滨人物之哈工大篇[E/OL]. 哈尔滨工业大学网站，2004-11-01[2016-02-04]. http：//today.hit.edu.cn/articles/2004/11-1/22163.htm

② 该校在新中国成立初期为北京工业学校土木科，1952年起先后改称北京建筑专科学校、北京市土木建筑工程学校等，1958年更名为北京建筑工程学院。

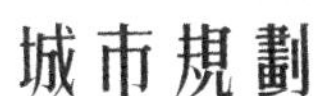

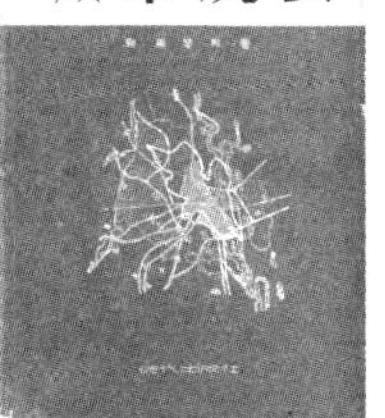

图 2-1　岂文彬先生翻译的《城市规划》封面（左）

注：依据 1952 年俄文修订版翻译，1954 年建筑工程出版社出版。

图 2-2　刘宗唐先生翻译的《城市规划》封面（右）

注：依据 1947 年俄文原著翻译，1953 年由时代出版社出版。

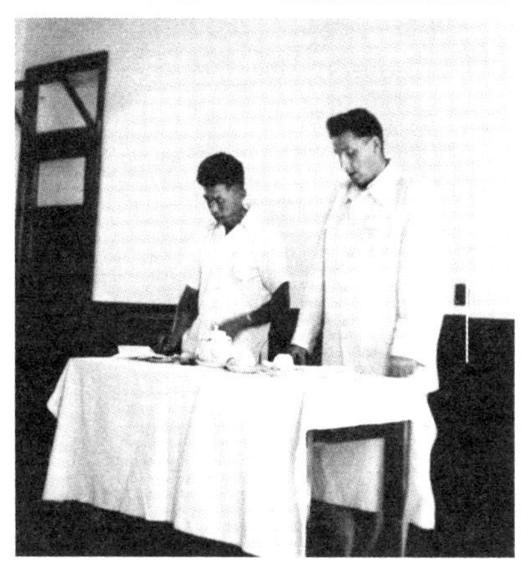

图 2-3　岂文彬先生（左）为苏联规划专家组组长勃得列夫（右）口译中（约 1956 年）

资料来源：北京城市规划学会 . 岁月影像——首都城市规划设计行业 65 周年纪实（1949-2014）[R]. 2014-12：37.

俄文原著和 1952 年的俄文修订版。岂文彬先生翻译的版本，内容相对较新，更为成熟，其传播和影响也相对更为突出。

然而，岂文彬先生和刘宗唐先生承担翻译工作，其实际角色又有所不同：刘宗唐先生在高校任教，主要是一种“笔译”的角色；岂文彬先生在政府部门工作，更偏重于“口译”的身份（图 2–3）。对实际规划业务工作影响更大的，当然要数那些为苏联专家担任专职翻译的“口译”人员。在新中国成立初期“全面向苏联学习”这一“一边倒”的社会背景下，口译人员还具有一定的作为苏联专家工作秘书的身份性质，是苏联专家与中国城市规划工作者之间相互沟通的重要桥梁和纽带。早在 1949 年 9 月，首批苏联市政专家组来华对首都北京的市政建设进行技术援助时，岂文彬先生已经承担翻译工作，是资历颇深的一位翻译专家。

但是，岂文彬先生主要工作于北京市政府系统，而就城市规划术语的定名来讲，显然并非北京市方面所能“拍板”的问题，而需要由中央政府的有关主管部门来作出决策。这样，岂文彬先生还并非最直接的当事人。同时，目前尚未发现岂文彬先生关于城市规划定名事宜的回忆文章或口述史料，而其翻译的《城市规划》一书本身也不可能为我们解答这一疑惑。

2.3 苏联专家穆欣、巴拉金及其专职翻译

在新中国成立初期对我国技术援助的苏联专家中，具有苏联建筑科学院通讯院士头衔的 A·C·穆欣（A.C.MYЩИН）是对城市规划工作影响颇为关键的一位苏联专家（图 2–4）。穆欣于 1952 年 4 月来华，先是受聘于中财委，1952 年 12 月转聘至新成立的建筑工程部，1953 年 10 月前后结束协议回苏。

穆欣在华工作的一年半时间，正值中国国民经济恢复趋于完成，

图 2–4 苏联专家穆欣与中国同志合影

左起：梁思成（左 1）、汪季琦（左 2）、穆欣（右 2）、王文克（右 1）。陶宗震先生收藏。

资料来源：吕林提供。

第一个五年计划的大规模建设进行紧张筹备并逐步拉开帷幕，就城市规划工作而言，也是基本指导思想和各项政策制度酝酿并建立的奠基时期，包括新中国的建设方针（后来经修正后的权威提法为“适用、经济、在可能条件下注意美观”）、推进“社会主义城市”建设的规划思想、最早的《城市规划设计程序（初稿）》以及“156项工程”的布局和选址等，都主要脱胎于这一时期。当年为穆欣担任专职翻译的刘达容先生，无疑是最清楚“城市规划”术语定名事宜的第一当事人。

图2-5 “一五”时期的刘达容（1957年6月）

注：截取自高殿珠先生提供的照片“城市设计院欢送米·沙·马霍夫专家回国留念”。

刘达容，1929年8月生，重庆（原四川巴县）人，在四川成都出生。1935~1941年，在重庆江北第三小学及山洞中心小学学习。1941~1946年，在重庆南开中学学习。1947~1948年，在重庆正阳学院经济系学习。1948~1950年，在重庆大学经济系学习。1950年8月至1952年5月，在北京俄文专修学校学习俄文。1952年5月至1952年11月，在中财委苏联专家工作室工作。1952年12月起，先后在建筑工程部、国家城建总局、城市建设部及中央城市设计院从事编译工作（图2-5）。1954年、1955年和1958年曾多次分别随周荣鑫、万里、梁思成等赴苏联和捷克等参加国际建筑会议，担任翻译。[①]

① 1965~1970年，在国家建委政策研究室、党组办公室工作。1970~1972年，在江西清江国家建委“五七”干校劳动。1972~1977年，因病休养。1978~1982年，在国家建委建筑科学研究院城市建设研究所、国家城建总局城市规划研究所工作，曾任情报室副主任。1982年7月起，在中国城市规划设计研究院工作。1991年3月退休。

正如万列风先生[1]所指出的："翻译人员中，水平最高的是刘达容，他把苏联专家的感情都翻译出来了，是个人才"。[2]刘达容先生之所以翻译水平高超，主要是因为他在1950年专修俄语之前，已经先后在重庆正阳学院和重庆大学的经济系学习过——他是在大学毕业后再去学习的俄语。在刘达容先生学习俄语时，想必对与城市规划建设相关的一些专业知识已经有一定程度的接触和了解，在翻译工作中也就容易做到融会贯通。

然而，刘达容先生的身体情况却长期欠佳。早在1947年进入重庆正阳学院学习前，就曾因病休学一年（1946~1947年）。在生命中的最后时刻，他曾立下遗嘱："①绝对不要举行追悼会和遗体告别仪式；②如医生认为遗体有科研价值（例如，为何一个心肌病患者能活这样长），可以捐献出来。"[3]1992年10月27日，刘达容先生与世长辞，享年63岁。关于城市规划术语定名的第一手情况，早已无从询问，这是中国城市规划史研究的巨大遗憾。

不过，近年来在对"一五"时期八大重点城市规划工作进行历

---

① 万列风，曾用名万光城、万烈风，1924年1月生，山西晋城人。1938年参加工作。1938~1949年，曾在山西晋城牺盟会、和顺县政府、中共太行二地委组织部、中共祁县县委、榆次地区团委等工作。1950~1951年，在中央团校学习。1951~1952年，在共青团中央组织部工作，任团员管理科负责人。1952年11月调至建筑工程部城市建设局，任规划处规划科科长。1954~1964年，在中央城市设计院/城市规划研究院工作，任室副主任、主任等。1964~1969年，在国家建委城市规划局工作，任处长。1970年，在江西清江国家建委"五七"干校劳动。1971~1980年，在新疆维吾尔自治区工作，曾任乌鲁木齐市计委副主任、自治区城建局副局长等。1980~1982年，在国家城建总局城市规划设计研究所工作，1981年5月经中共中央组织部批复同意任研究所党委书记。1982年起，在中国城市规划设计研究院工作，任院党委书记、院顾问等。1985年离休。

② 2014年9月11日万列风先生与笔者的谈话。

③ 刘达容同志治丧小组．刘达容同志生平[R]．中国城市规划设计研究院，1992-10-28:3.

史研究[1]的过程中，通过中国城市规划设计研究院院友高殿珠先生[2]（早年担任苏联工程专家 M·C·马霍夫的专职翻译）的帮助，笔者有幸联系到了高殿珠先生早年在哈尔滨外国语专科学校的同学（俩人于 1953 年 6 月分配到建工部城建局工作）、曾担任苏联专家 Д·Д·巴拉金专职翻译的靳君达先生，并进行了多次的访谈，为揭开城市规划术语定名的疑团提供了极为宝贵的口述史料。

在新中国成立初期援助我国城市规划工作的苏联专家中，除了穆欣之外，Д·Д·巴拉金和 Я·Т·克拉夫秋克是另外两位最为重要的苏联专家。巴拉金于 1953 年 6 月来华，受聘于建工部（因机构调整，后改为国家城建总局和城市建设部），1956 年 6 月回苏。克拉夫秋克于 1954 年 6 月来华，受聘于国家建委，实际工作以规划政策和规划审批为主，1957 年 6 月回苏。

实际上，巴拉金是穆欣的接任者，两人有 4 个月左右的共同工作和交接经历，受聘部门为城市规划编制工作的国家主管部门。两人均为部长顾问的角色，是相当权威的苏联专家。巴拉金在华工作的 3 年时间，与我国的“一五”计划基本同步（五年计划四年完成）。这些因素，使得巴拉金对我国城市规划工作的影响，实际上并不亚于穆欣或克拉夫秋克。

---

① 研究成果《八大重点城市规划——新中国成立初期的城市规划历史研究》由中国建筑工业出版社于 2016 年出版。

② 高殿珠，1931 年 12 月生，吉林长春人。1950~1953 年，在哈尔滨外国语专科学校学习俄语。1953 年 6 月，在建筑工程部城市建设局参加工作。1958~1959 年，参加建工部赴苏联考察团。1959~1960 年，下放劳动锻炼。1961 年起，调入外交系统工作。1961~1964 年，在外交学院法语系调干班学习。1964~1971 年，在中国驻瑞士大使馆工作。1972~1976 年，在阿尔巴尼亚驻华大使馆工作。1976~1977 年，在摩洛哥驻华大使馆工作。1977~1983 年，在中国驻苏联大使馆工作。1983~1985 年，参加中央驻江苏省省委整党联络员小组工作。1985~1987 年，在外交部干部司工作。1987~1991 年，在中国驻法国大使馆工作。1991~1994 年，在外交部老干部局工作。1994 年退休。

图 2-6　苏联专家巴拉金在指导规划工作中（1955 年）

左起：王文克（左 1，国家城建总局副局长）、高峰（左 2，国家城建总局规划局副局长）、巴拉金（右 2，苏联规划专家）、靳君达（右 1，翻译）。张友良拍摄。

资料来源：张友良提供。

据靳君达先生回忆，穆欣在华工作的 1 年半时间内，其专职翻译一直是由刘达容先生担任；巴拉金的专职翻译，起初一段时期（1953 年下半年）也是由刘达容先生担任，但自 1954 年初开始，靳君达先生正式接替刘达容先生为巴拉金承担翻译工作[①]（图 2-6）。由于穆欣和巴拉金这两位苏联专家，以及刘达容和靳君达这两位专职翻译，“双重”的“前后任”工作承接关系，使得刘达容先生关于专业翻译的许多知识，得以传承给靳君达先生。这就使得我们对城市规划的定名问题，得以有所进一步了解的可能。

2.4 “城市规划”定名的内在原因——靳君达先生口述

2015 年 9 月以来，笔者有幸当面拜访靳君达先生 10 余次。特别是 2015 年 10 月 12 日和 2016 年 1 月 7 日，靳君达先生与笔者进行了两次颇为深入的谈话（图 2-7）。靳君达先生的谈话整理成文字材料后，笔者又专门呈送靳先生审阅修改并确认（图 2-8）。

---

① 靳君达先生 1953 年 6 月从哈尔滨俄专毕业，分配至建工部城建局参加工作，1953 年下半年主要是在进行翻译工作的各项准备。

图 2-7　靳君达先生接受访谈中（2015 年）

注：2015 年 10 月 12 日，靳君达先生家中。

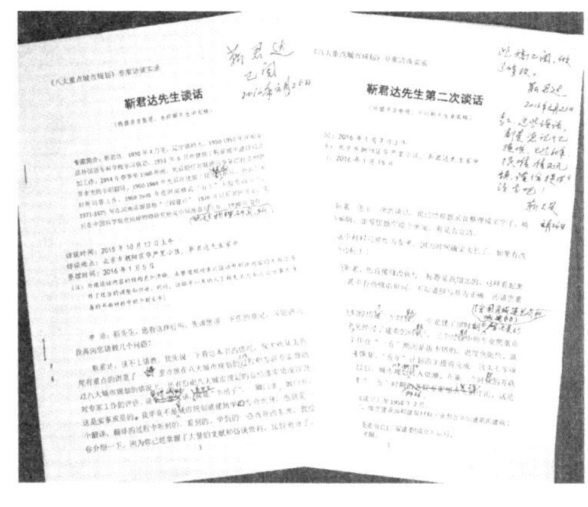

《八大重点城市规划》专家访谈实录

靳君达先生谈话

靳君达先生第二次谈话

图 2-8　靳君达先生对谈话整理稿的审阅修改

据靳君达先生的口述，“城市规划”一词的定名，时间上大致是在 1952 年的下半年，即苏联专家穆欣指导规划工作、刘达容先生担任专职翻译期间。“前期刘达容担任翻译的工作起步的时候，连城市规划这个字究竟翻译成城市计划还是城市设计都有争议”，最后“之所以叫城市规划，是翻译人员创造了这样一个名词”。[①]

具体而言，当时翻译工作所称的城市规划，实际上包括三个方面的内涵。首先，“这项工作是国民经济计划在一个具体城市里面的落实”，这也就是经常所讲的“国民经济计划的继续和具体化”。

① 2015 年 10 月 12 日靳君达先生与笔者的谈话。

其次，"'城市规划'的第二层含义是你究竟怎么落实，要用科学的方法来进行一个平面设计，以总图的形式表现出来"。最后，"因为这是一项综合性的工作，首先要区分主次，在当时来讲工业企业是主要的，'先生产、后生活'，咱们的原则中为劳动人民服务放到第二位，包括劳动人民住宅区的布置也要为工业建设所服务（苏联规划工作中为居民生活服务是第一位的），然后交通、运输、文化、教育等等，又是综合性的内容，这又是一个内涵。所以，就要编制'城市规划总图'（当时也译成'城市总体规划图'）。'总图'是代表综合性"。[①]

据靳君达先生回忆，"城市规划"对应的俄语是 планировка города。"规划"（планировка）一词的前缀 план，也就是"计划"，国民经济五年计划的所谓计划，使用的就是 план。而"设计"对应的俄语则是 проект。在俄语中，与城市规划对应的一个更完整的概念是 генеральный план планировки и засйройки[②] города，即"城市规划与建设总图"。其中，генеральный 的意思是"总"，план 的意思是"图（平面图）"，и 是连接词"和"，засйройка 的意思是"建设"或"修建"（图 2–9）。[③]

那么，在当时的翻译工作，为何采用"城市规划"而未使用"城市计划"的译法呢？据靳君达先生回忆，"为什么落到规划呢？当时的'五年'计划，并没有规划这个词，但计划这个词却很普遍。可是计划并不能概括城市规划的内容，因为规划既有专业性，又有行政、政治的内涵。计划在没有批准之前，它啥也不是。城市规划

---

① 2015 年 10 月 12 日靳君达先生与笔者的谈话。

② 此处 а 改成 и 是语法变格要求，原形为 а——靳君达先生注。

③ 2015 年 10 月 12 日靳君达先生与笔者的谈话。

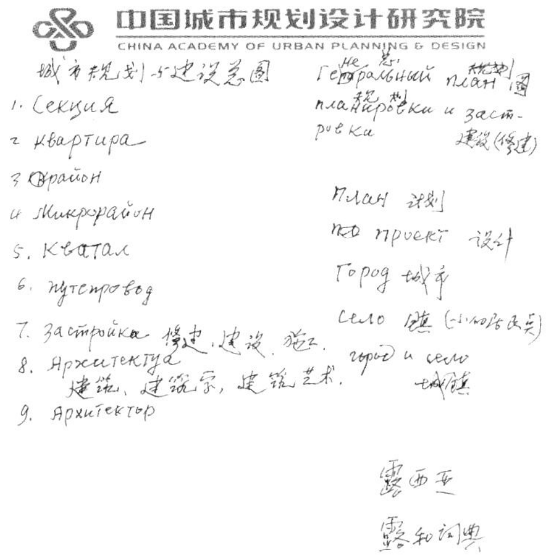

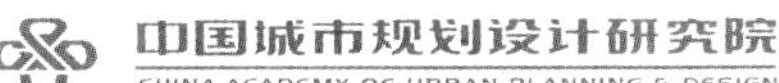

城市规划与建设总图　Генеральный план планировки и застройки

1. Секция
2. квартира
3. район
4. Микрорайон
5. Квартал
6. путепровод
7. застройка 修建，建设，施工.
8. Архитектура 建筑，建筑学，建筑艺术.
9. Архитектор

План 计划
проект 设计
Город 城市
Село 镇
город и село 城镇

露西亚
露和词典

图 2-9　靳君达先生手稿
（几对俄语名词的拼写）
注：2015 年 10 月 12 日。

则不然，它引入了好多国家规范性的内容（当时，国家还没制订城建或城市规划法规）”。同时,这与“规”字本身的含义也有密切关系：“现在不都在讲‘规矩’嘛！规范就是‘规矩’，就有一定的强制性内容在里面。这个‘划’呢，是概括‘计划’，因为有近期、中期、长远等不同期限。所以叫‘规划’。”①

翻译工作中为何没有使用“城市设计”一词呢？靳君达先生指出：“就内容来讲，这项工作是一门综合性的科学。你说它是纯技术吧？技术人员又办不到，必须要有领导、有权威人员参加，你这个规划才能成形。比如包钢选厂，好多考证，好多调查，好多专业文献都是技术人员拿出来的，但拍板却是领导层做出的。由包头市委跟相关部委的头头们一起讨论，回去由包头市委做决定，确定下

① 2016 年 1 月 7 日靳君达先生与笔者的谈话。

来。这样，就不同于一般的设计，也不同于一般的计划。”“另外从内涵上来看，也包罗万象，有经济方面的问题，有老百姓息息相关的生活问题，有公用设施问题，有城市的基础设施建设问题，等等，是这样一个综合性的东西。”“最后就说，行了，把俩个儿并在一块，就叫规划吧！是这么定下来的。”[①]

在城市规划定名以后，相关概念的使用情况又如何呢？据靳君达先生回忆，“城市计划”这一概念，还有所使用。“具体来说，如果要实施的规划，有一期、二期、三期之分，那就要涉及到计划。如果要涉及到投资的问题，涉及到‘三通一平’[②]的建设问题，这就是计划”，“具体项目、时间安排等，就是计划。投资分配不叫规划，叫计划（план）”。而就“城市设计”概念而言，其使用情况则很少了，“因为它不像工业设计、民用设计，不大用设计这个词”。[③]

2.5　苏联专家穆欣谈话记录——关于城市规划定名的档案查考

通过靳君达先生的口述，为我们理解“城市规划”术语的来历提供了宝贵的线索。应当讲，靳先生的口述是在当前可能的条件下最大限度逼近于历史事实的一种解释。不过，作为规划史研究者，我们仍不能仅仅满足于口述史料。就中国当代城市规划发展史而言，

---

① 2016 年 1 月 7 日靳君达先生与笔者的谈话。

② 所谓“三通一平”，是指基本建设项目正式开工的前提条件，具体包括：水通、电通、路通和场地平整等。

③ 另外，1954 年 10 月，国家成立承担城市规划编制任务的设计机构时，采用的名字为“城市设计院”。之所以使用“城市设计”一词，主要是相对于工业设计院、民用建筑设计院、给排水设计院的参照提法，是一个笼统的概念，即相对于工业设计、民用设计等，与城市规划密切相关的一些设计工作的总称。

城市规划术语的定名堪称颇为重要的一个大事件，值得进一步追问的是：对于这样一个大事件，官方的历史档案中是否有一些相关的记载或线索？

由于历时久远、部分历史资料未及时归入档案，或部分档案资料多有遗失等诸多原因，关于城市规划定名的档案资料是极难查找的。根据笔者近年来在中央及各地档案部门查档的情况，目前尚未发现关于城市规划定名的独立档案文件。然而，令人惊喜的是，在苏联专家穆欣谈话记录的档案资料中，却也发现了一些与之相关的内容。

档案表明，在 1952 年 9 月 1~9 日由中财委组织召开的全国首次城市建设座谈会上，苏联专家穆欣于 1952 年 9 月 6 日作报告，介绍苏联城市规划建设的理论与实践经验，并对中国的城市规划建设问题发表意见[①]，其中便谈到城市规划这一术语的含义。

今天我们所能查阅到的苏联专家谈话记录，必然要经由一些历史当事人的记录和整理等环节的转换，而在记录同一次谈话时，不同人的记录也会略有差异。关于苏联专家穆欣 1952 年 9 月 6 日的报告，笔者曾查找到几个不同的版本，其中有三个版本对城市规划术语的含义有所记录：

在北京市档案馆收藏的档案中，有一份题为“苏联建筑专家穆欣同志一九五二年九月在中财委城市建设会议上的发言（摘要）”的档案文件，其中有如下记录：“城市计划与规划的区别：用俄文

---

① 对该问题的进一步了解可参见拙文：

[1] 李浩 . 苏联专家穆欣与新中国首次城市建设座谈会（上）[J]. 北京规划建设，2018（3）：163-165.

[2] 李浩 . 苏联专家穆欣与新中国首次城市建设座谈会（下）[J]. 北京规划建设，2018（4）：161-163.

说没有城市计划，只有城市经济计划。它定出城市发展的各种控制数字、计划草案及长期发展计划。城市规划为实际工作，是总图设计工作。计划工作者是经济学家，规划工作是建筑师、工程师。”[①]

在天津市档案馆收藏的档案中，有一份由王培仁先生记录的“中财委城市建设会议笔记汇集”，其中记录：“计划与规划的区别：城市计划在俄文上来讲不大正确，只能说城市经济计划，这种计划与其他国民经济计划一样，先制定控制数字，以及长期短期计划，城市规划是完全技术上的实际工作，进行设计首先要做这种工作，城市规划是建筑师、工程师的工作。”[②]

另外，笔者收藏有一本天津市人民政府城市建设委员会编印的内部资料《城市规划设计参考文件》，穆欣的报告中谈道：“城市计划与城市规划设计有何区别？城市计划在俄文上讲是不正确的。城市经济计划与其他计划一样；城市规划是城市建设的具体工作。经济计划是经济学家来做的，城市规划是由工程师来做的。”[③]

关于穆欣报告的这三份记录，尽管记录内容不尽相同，但也比较接近，并无明显冲突或矛盾之处。尽管寥寥数语，却也清楚地表明了，在 1952 年 9 月初前后的这段时间，正值我国的城市规划建设工作者对城市规划这一术语产生疑问进行讨论，并由苏联专家穆欣发表了重要意见。

除此之外，在天津市档案馆还保存有一份苏联专家穆欣于 1952

---

① 苏联建筑专家穆欣同志一九五二年九月在中财委城市建设会议上的发言（摘要）[Z]. 北京市档案馆，档号：001-009-00233：16.

② 王培仁 . 中财委城市建设会议笔记汇集（1952 年 9 月 12 日）[Z]. 天津市档案馆，档号：X0053-D-006611：4-7.

③ 苏联城市建设专家穆欣在中财委城市建设座谈会上的发言 [R]// 城市规划设计参考文件 . 天津市人民政府城市建设委员会印，1952：152-162.

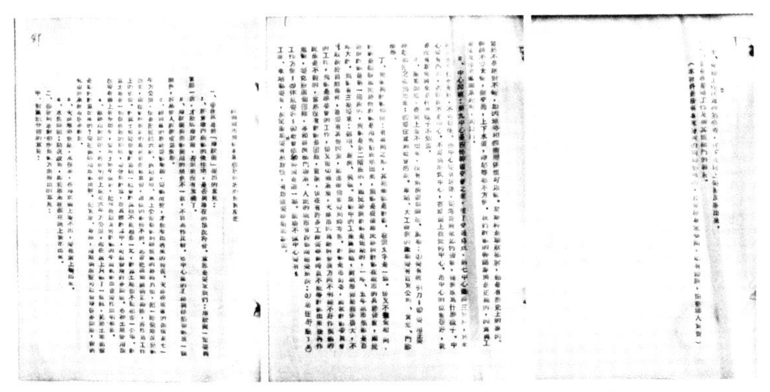

图 2-10　天津市档案馆保存的《苏联城市规划专家穆欣同志的发言简记》档案

注：左图为首页，中图为关于“规划与设计问题”谈话记录页，右图为尾页。该档案共 5 页。

年 11 月初[①] 在天津调研并对城市规划建设工作进行指导的档案资料（图 2-10）。穆欣在天津的报告中谈道：“规划与计划问题：有共同之点，其结果都是计划。在俄文字是一个。但又不完全相同。计划是编制国民经济计划，是用表格表示出来；规划是根据国民经济计

---

① 需要说明的是，天津市档案馆的这份档案文件中，并未记录苏联专家穆欣在天津讲话的具体时间。据中央档案馆收藏的建工部城建局于 1953 年 2 月 4 日所写的“城市建设局两个月工作的基本总结”，“城市建设工作一九五二年十二月以前在中财委基建处，当时局内仅有十七、八个工作人员。十一月初决定一部分同志到［北京市］都委会去参加工作，同时派二人随中财委协同苏联专家先后到了天津、沈阳、鞍山、哈尔滨等城市，并听了太原和齐齐哈尔的汇报。十二月初城市建设工作由中财委移到城市建设局……”由此判断穆欣在天津讲话的时间应在 1952 年 11 月初。另外，沈阳市档案馆和沈阳市城市规划设计研究院档案室均保存有苏联专家穆欣于 1952 年 11 月 14 日在沈阳所作的报告，其中谈到“根据同志的汇报和这两天在市内实地观察的结果，可以提供一些意见”，穆欣的行程可以有所印证。

参见：[1] 孙敬文，贾震．城市建设局两个月工作的基本总结（1953 年 2 月 4 日）[Z]. 建筑工程部档案．

[2] 苏联专家穆欣同志对沈阳市城市规划设计工作的意见（发言摘要）[Z]. 沈阳市建设局档案，沈阳市档案馆，案卷号：Z11-2-1：1-6.

[3] 苏联专家穆欣同志对沈阳城市建设计划工作的意见 [Z]. 沈阳市城市建设计划委员会档案，沈阳市城市规划设计研究院档案室，案卷号：B11-0074：177-204.

划，在城市的具体布置；国民经济计划是第一阶段的，规划是第二阶段的；国民经济计划是短期的，一年、五年，城市规划是百年大计。规划有三点要求：适用、经济、美观。规划中的工业区问题，对城市布局关系很大，不仅取决于自然条件，还要有其他因素，如运输布置要同时考虑。计划是市财委、国家计划委员会的工作，规划是建委会的工作，但又密切联系着。”①

除了解释概念本身的含义之外，穆欣还结合着对天津的规划工作发表意见：“天津市因为经济发展方向不明确不好作规划的说法是不对的，当然没有计划是困难，冒险，但在有许多工厂要建厂时就不能等计划出来后再作规划，要克服这个困难，多和经济部门联系。人民的城市有四个问题要解决：①居住舒服；②工作方便；③休息要好；④社会活动，特别是这一点。广场不仅中心要有，工厂、车站都要有。决定广场时要有思想性，有想像[象]，要建筑师参加。”②

截至目前，关于苏联专家穆欣的谈话记录档案中仅有上述两次谈话涉及城市规划术语的定名问题。不难理解，这些档案记录，正是由刘达容先生为穆欣担任专职翻译时现场口译，有关规划人员即时记录，会后又有所整理，并被相关人员纳入档案保存而得以留存下来的。

从穆欣所讲内容来看，当时大家或许倾向于使用“城市经济计划”一词，而它又很难与国民经济计划相区别，正是为了与国民经

① 苏联城市规划专家穆欣同志的发言简记[Z]// 建委会关于天津市城市规划改建计划和说明及苏联专家有关发言．天津市建设委员会档案，天津市档案馆，案卷号：X0154-Y-000530.

② 同上．

济计划相区别，才使用城市规划一词。这一概念最核心的内涵在于："城市规划为实际工作""城市建设的具体工作""在城市的具体布置""是总图设计工作""进行［建筑或工程］设计首先要做这种工作""是建筑师、工程师的工作""城市规划是百年大计"。

2.6 "城市规划"定名决策的重要领导：负责建工部城建局筹建工作的贾震先生

以上从人物口述和档案查考两个角度对城市规划定名的有关情况进行了讨论，可以说，苏联专家穆欣的谈话记录与靳君达先生的口述回顾形成了互为印证的关系，就城市规划定名原因而言，已经可以形成一些基本的结论。

历史研究讲究刨根问底儿，我们还要进一步追问的是，对于城市规划定名这个比较重要的大事件而言，苏联专家穆欣及其专职翻译刘达容先生，他们两人是否就可以扮演决策者的角色?

答案应该是否定的，因为苏联专家对中国城市规划工作的援助，更多的只是提供技术咨询意见而已，并非直接的决策者，而刘达容先生的翻译工作也只是为苏联专家的指导工作提供配合与协助而已，同样不可能是决策者。那么，对城市规划定名起到重要决策作用的领导者又是谁呢?

对于这个问题而言，陶宗震先生所写的关于原建工部城建局副局长贾震先生的一份长篇回忆文章《对贾震同志负责城建工作创始阶段的回忆》（以下简称《贾震回忆》）是极其珍贵的。

陶宗震先生1928年8月生，江苏武进人，1946~1949年在辅仁大学物理系学习，1949~1951年在清华大学营建系学习（期间于1949年夏在中直机关修建办事处工作），1952年上半年在清华、北大、燕京三校建委会工作，1952 年夏调到建筑工程部并分配到尚在筹建中的城建局工作。

图 2-11 贾震
资料来源：http://a1.att.hudong.com/51/43/01200000029234136323435903886.jpg

《贾震回忆》一文，是由贾震先生[①]（图 2-11）的家乡——山东省乐陵市政协文史委邀请（邀请信落款日期为 1994 年 12 月 6 日），经贾震先生的夫人江凌先生推荐，由陶宗震先生在不到两个月的时间内快笔疾书，于 1995 年 1 月 26 日成稿的（图 2-12）。全文共计 2.7 万字，对 1952~1953 年建工部城建局初创期间的城市规划工作及贾震先生的事迹与贡献进行了较为详细的梳理。

根据陶宗震先生所写《贾震回忆》、曾给贾震先生当秘书的赵瑾先生的有关回忆[②]以及成稿于 1953 年 2 月的《城市建设局两个月工作的基本总结》等档案资料综合判断，贾震先生于 1952 年 10 月从人事部转调到建工部工作，并负责城建局的筹建工作，是建工部城建局筹建阶段最重要的一位领导。《贾震回忆》中记述了陶宗震

① 贾震（1909.10~1993.05），曾用名贾振声，山东省乐陵市荣庄（今河北省盐山县荣庄）人。富裕农民家庭出身，曾在私塾及高级小学读书 11 年。1932 年 1 月加入中国共产党。曾任乐陵县农会干事、文书、县委书记，中共津南特委特派员、宣传委员，中共北方局交通科交通员。1937 年 6 月到达延安，任中共中央组织部文书科干事，8 月进中共中央党校学习。1938 年 1 月后担任中共中央组织部地方科干事，后任陈云的机要秘书。1945 年 4 月至 6 月作为山东代表团成员出席中共七大。解放战争时期，曾任张家口铁路局党委宣传部部长、党委副书记，中共冀中区委组织部副部长，中共中央华北局党校二部主任，中共中央组织部秘书处处长。中华人民共和国成立后，1950 年任政务院人事部办公厅主任兼机关党委书记，1952 年调入建筑工程部，先后任城市建设局副局长、城市建设总局副局长，1955 年任国家城建总局副总局长，1956 年任城市建设部部长助理。1959~1963 年任天津大学党委书记。1963~1966 年任中共中央高级党校副校长。“文化大革命”期间受迫害。1977 年平反后，任北京师范大学党委书记，后任该校顾问。1989 年离休。第三届全国人大代表，第六届全国政协委员。

② 参见：李浩访问 / 整理．城·事·人——新中国第一代城市规划工作者访谈录（第二辑）[M]. 北京：中国建筑工业出版社，2017.

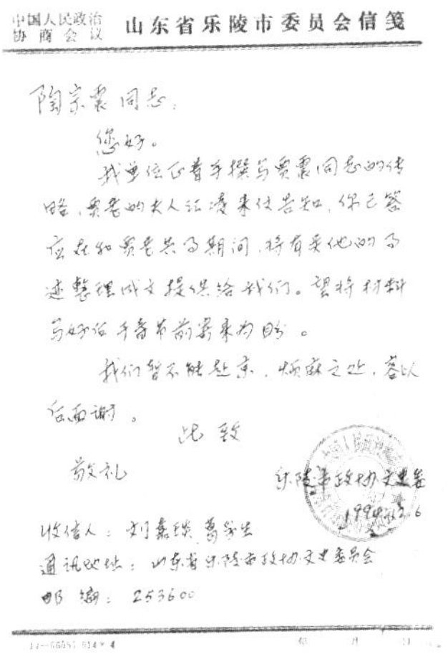

中国人民政治协商会议 山东省乐陵市委员会信笺

陶宗震同志：

您好。

我委经征者手撰写贾震同志的传略，贾老的夫人证凌来信告知，你已答应在和贾老共事期间，将有关他的事迹整理成文提供给我们。望将材料写好后于春节前寄来为盼。

我们暂不能赴京，烦劳之处，容以后面谢。

此致

敬礼

乐陵市政协文史委

1994.12.6

收信人：刘嘉瑛 葛先生

通讯地址：山东省乐陵市政协文史委员会

邮编：253600

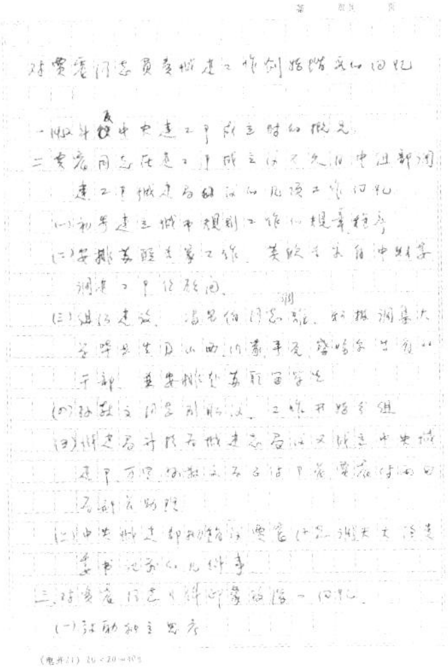

对贾震同志负责城建工作创始阶段的回忆

图 2-12 山东省乐陵市政协文史委的约稿信（左）及陶宗震先生《对贾震同志负责城建工作创始阶段的回忆》手稿首页

注：吕林提供。

先生第一次见到贾震局长的情景：

……一天下午，传达室打来一个电话，冯昌伯①不在，传达室对我说：你们局长来了。我就叫着陈寿樑②一起下去，这是第一次见到贾震同志，[他]穿着灰布制服，兰[蓝]裤子，站在传达室门口，我们接他上楼，他还没有办公桌，就坐在冯昌伯的位子上和大家见面，简单的交谈了一下，并问了一下工作的情况，我说没什么工作，他表示不满意，问冯昌伯那[哪]里去了……

他很快就来正式上班了，但接着就出差去天津塘沽和鞍山等

① 建工部城建局筹建初期的一位处长，是一位老干部。

② 陈寿樑，毕业于苏南工业专科学校，赵士修先生的同班同学，俩人于 1952 年夏分配到建工部工作，赵士修先生在人事司，陈寿樑先生在城建局（筹建中）。

地。这次出差，城建局的一个［人都］没有去，是中财委的兰［蓝］田处长[①]、王兆拓[②]、苏联专家莫［穆］欣（[19]52年上半年就来了，也是没有地方开展工作就留在中财委）和他的翻译刘达容一起随贾震去的。由于在此以前不久，建工部关于建筑方针的讨论会[③]上，王兆拓、刘达容和莫［穆］欣一起来参加会，莫［穆］欣的发言起了重要的作用，并支持我的观点（当时我是孤军奋战），所以已经互相都有所了解。出差前，他［穆欣］叫王兆拓找我，为他准备两套图，说明建筑艺术问题。我就到［北京］都委会去找了两套图，一套是当时房管部门设计的行列式平房住宅，另一套是托玛斯卡娅指导下由华益增作的北蜂窝住宅平面图，并两套图都作了渲染加工，他对北蜂窝的平面布局并不满意，不过可以和行列式的单调布局有个对比。这时贾震才知道我已认识莫［穆］欣……这次出差是城建局成立后第一次出差，但参加者现在都已不在人世了。

贾震同志回来后，就把莫［穆］欣和他的翻译刘达容从中财委转到建工部任顾问。大约与此同时，周荣鑫也［正式］从中财委秘书长转到建工部，是第二个到任的［副］部长，分管城建局的工作，后又兼中央设计院的院长，副院长是秦仲芳、汪季琦。周荣鑫和贾震在解放战争时，就在一起工作过，很熟，这对城建局开展工作是个十分有利的因素……[④]

---

① 蓝田，中财委基建处的一位处长。

② 王兆拓，陶宗震先生在清华大学营建系市镇组的同学，1952年夏调到中财委基建处工作。

③ 指1952年7月2~17日召开的第一次全国建筑工程会议。当时建工部尚未正式成立，会议以中财委的名义组织召开。会后建工部党组于1952年8月向中财委上报《第一次全国建筑工程会议总结报告》。

④ 陶宗震．对贾震同志负责城建工作创始阶段的回忆[R]. 1995-01-26. 吕林提供．

[illegible]

从 1952 年开始到 1957 年底，五年多的时间内城建工作发展很快，不断扩大，从建工部城建局，55 年升格为城建总局，56 年又升格为城建部。贾震同志最早来的[illegible]。[illegible]

[illegible]

我和贾震同志接触[illegible]最初的两年（52-54）……[illegible]……贾震同志有关的事追记如下：

工作建设概述

一、第一件事是“正名”：计划、规划、设计这三个词在英文和俄文中都是同一个字——planning（动词），Plan（名词）。

其中设计一词我国早已有之，并且设计还有另一个词——design，所以使用中明确无误。最容被误解的就是计划与规划（当时还未有这个词），很容易被混淆。所以贾震同志就找我和刘达容、王兆拓（中财委）一起商量，用“城市规划”代替原来通用的“城市计划”……[illegible]……这样可以明确与一般一定时间计划和当时使用的[illegible]计划区别开。从此以后规划一词才正式确立，并通用至今。在台湾某些资料中仍称都市计划。

二、是最初的规划工作程序。当时的城市规划工作汇报提纲……[illegible]

图 2-13　关于城市规划的“正名”：陶宗震先生手稿
注：吕林提供。

陶宗震先生回忆中谈及的苏联专家穆欣去天津出差，在上文档案查考环节已经谈到。各方面的史料表明，在 1952 年 11 月时，大家对城市规划这一概念还有疑惑和讨论，但自 1953 年初开始，城建局和建工部的各类文件中已开始较普遍地使用城市规划一词。换言之，贾震先生作出城市规划定名这一重要决策，时间上应该是在 1952 年 11~12 月，即建工部城建局正式成立前夕。

在《贾震回忆》中，陶宗震先生回忆贾震先生“工作建设概述”的第一件事便是“正名”（图 2-13）：

计划、规划、设计这三个词在英文和俄文中都是同一个字——planning（动词）；plan（名词）。其中“设计”一词我国早已有之，并且“设计”在英文中还有另一个词——design，所以使用中明确无误。最容被误解的就是“计划”与“规划”（当时还未有这个词），很容易被混淆。所以贾震同志就找我和刘达容、王兆拓（中财委）

等一起商量，结果是：用“城市规划”代替原来通用的“城市计划”，如北京市原为“都市计划委员会”，后来才改为都市规划委员会，这样可以明确与一般的经济计划和当时使用很多的计划经济等区别开。从此以后，“规划”一词才正式确立，并通用至今，在台湾某些资料中仍称“都市计划”。①

2.7 粗浅的思考

综上所述，中文“城市规划”一词的定名，固然主要是由翻译人员所“创造”，但在根本上，则是由城市规划工作的实际内涵所决定的。这样的一种定名，在具体内容上又受到苏联规划理论以及计划经济体制的深刻影响。如果我们承认苏联规划理论因其计划经济体制而塑造出的独特个性，那么，在借鉴苏联经验的时代背景下，新中国城市规划工作的一个专业名词，采用一种既不同于中国本土的传统文化，也有别于西方其他国家流行概念的“新译法”，其实也无可厚非。

联系当前的城市规划工作，尽管已经并非早年计划经济的体制环境，然而，国民经济和社会发展规划依然存在，国家对于城市规划的各项政策要求仍较突出，靳君达先生所述城市规划工作第一层内涵，其实并未消失。早年翻译工作中对于城市规划三重内涵的解读，迄今仍未过时。就苏联专家穆欣所阐述的城市规划与国民经济计划的相互关系而言，迄今也基本上仍未改变。这些，对于今天我们来认识城市规划与国家发展规划（国民经济和社会发展五年规划

① 陶宗震．对贾震同志负责城建工作创始阶段的回忆 [R]. 1995-01-26. 吕林提供．

纲要）、空间规划及其他相关规划的关系而言，具有重要的启发意义，也是本章关于历史梳理的价值所在。

更进一步而言，关于城市规划与城市设计的关系，我们不妨作出这样的粗浅理解：城市规划是一项综合性突出的政府工作，而城市设计则为其中技术性、艺术性要求突出的一部分内容。在这个意义上，原建设部城市规划司总规划师汪德华先生对"城市设计"概念及其与"城市规划"关系的定义，是值得深思的："城市设计（Urban Design）是城市规划学科的基本核心技术。所谓城市规划（City Planning），在中国是指关于城市与建设的计划、步骤、性质、规模、布局、控制、策略、管理和实施等方面的综合称谓。城市设计是指在用地功能布局和空间环境［方面］的具体工程技术。"①

进而，如果考虑到规划管理对于城市规划工作的极端重要性，以及长期以来的薄弱状况，城市规划与城市设计的关系，可以作出如图 2-14 的示意。综合性突出的城市规划工作，可以划分为"政策研究""城市设计"和"规划管理"三大板块。②

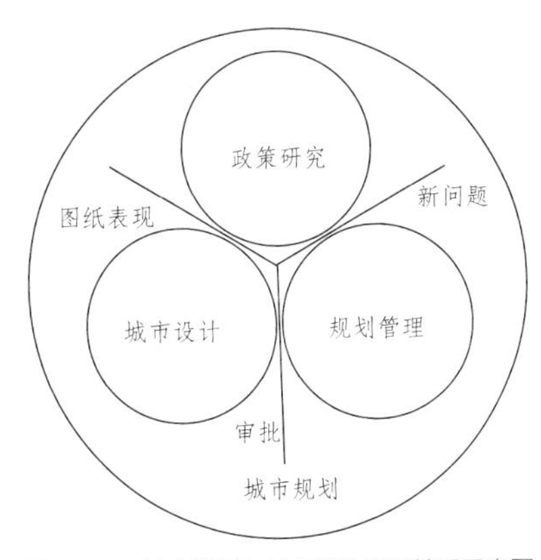

图 2-14　城市规划与城市设计相互关系示意图

城市规划的政策研究，包括与城市发展和规划建设密切相关的方针政策、战略思路、规划标准和技术规范等，不妨粗浅理解为偏重于

① 汪德华．中国城市设计文化思想 [M]. 南京：东南大学出版社，2009. 前言．

② 这一观点受到邹德慈先生关于"现代城市规划三个重要支柱"观点的重要启发。参见：邹德慈．试论现代城市规划的三个重要支柱 [J]. 城市规划．1991（2）：19-22.

文字性内容；政策研究的有效推进，是落实城市规划政策性要求的重要保障。

城市规划的研究工作，一旦涉及空间范畴，需要在图纸上加以表现或提出设计方案进行论证，这就属于城市设计的工作范畴。通过加强城市设计工作，要着力解决城市各项用地和空间布局的科学性、合理性要求。此外，优秀的城市设计还应当具有一定的审美内涵，从而满足城市规划工作对于城市美学和艺术性的特殊要求。

城市设计的工作成果，在没有经过审查以前，只能是一种“设计方案”，而一旦通过论证而获得批准，则称为城市规划工作的法定文件，成为规划管理的直接依据。一方面，在规划管理过程中，重点在于采取多种手段，确保城市规划法定文件的实施和实现。另一方面，规划管理中遇到的一些新情况和新问题，则需要反馈给政策研究环节，推动城市规划工作不断加以改进。如此周而复始。

城市规划与城市设计相互关系的问题，是一个十分重大的科学命题。这里的一些讨论实属浅薄之见，仅在提供一种思路，供同行批评和讨论。

第3章

我国规划体系的发展演化

新中国成立近70年来，我国规划体系经历了从无到有，从以国民经济计划和城市规划为主导到多部门组织、多类型规划并存的发展和演化过程，大致可以概括为四个主要阶段：1950年代，出于配合大规模工业化建设的实际需要并借鉴苏联经验而建立起空间规划制度，当时主要有国民经济计划和城市规划两种规划类型；1960~1970年代，国民经济计划和城市规划的指导思想有所调整和转变，但整体上仍然基本延续并保持了1950年代的总体格局与主要模式；1980年代至1990年代中期，国民经济计划向国民经济与社会发展计划转变，城市规划出现繁荣发展的局面并建立起相对完善的城市规划体系，同时国土规划试点工作启动；1990年代中期以后，我国空间规划发展出现了多部门组织、多类型并存的“裂变”和“分野”现象。当前我国规划体系发展已进入各类相关规划的体制性制约矛盾趋于终结的一个新时期。

2013年12月召开的中央城镇化工作会议明确提出"建立空间规划体系，推进规划体制改革"[①]。如何加强各类空间规划[②]的统筹协调，是国家有关部门近年来所热议的一个重要话题。任何现实都是历史发展的一种结果。当前我国各类空间规划名目繁多、内容交叉、彼此掣肘严重等局面之所以形成，未来走向如何判断，如何加以统筹协调，等等，都需要从历史中去寻找答案，并汲取相应的智慧。

新中国成立近70年来，我国规划体系经历了从无到有，从以国民经济计划和城市规划为主导到多部门组织、多类型规划并存的发展和演化过程，大致可以概括为4个主要阶段。[③]

3.1 1950年代：国民经济计划和城市规划的"初创"

新中国成立初期，出于配合大规模工业化建设的实际需要，我国借鉴苏联经验而建立起空间规划制度，主要有两种规划类型：国民经济计划、城市规划。

从来源来看——国民经济计划又称为"五年计划"，其指导思想源于共产主义理论对社会进行有计划调控的构想，即以政府行政计划代替市场经济调节分配社会资源，集中国家所有力量发展工农

---

① 中央城镇化工作会议在北京举行[N/OL]. 新华网，2013-12-14. http://news.xinhuanet.com/video/2013-12/14/c_125859839.htm

② 本章所称"空间规划"系城乡规划与国民经济计划、国土规划、环保规划等相关规划的统称。

③ 本章部分内容曾载于《北京规划建设》2015年第3期。

产业，由苏联于1920年代首创。[①] 城市规划则具有悠久的历史传统，中国著名的唐长安、元大都和明清北京城，古埃及的卡洪城、古罗马的庞贝城等，均是经过周密规划安排的产物；近现代城市规划起源于工业革命后对快速城镇化过程中各类城市发展问题的应对，在英、法、德、美等早期工业化的欧美国家率先得以发展，苏联自1930年代后开创了具有"社会主义城市"特色的规划建设模式。[②]20世纪上半叶，欧美规划理论传入我国，并曾颁布国家《都市计划法》（1939年）[③]，北平（北京）、天津、上海、青岛等城市一直有相关城市规划实践。1949年新中国"一边倒"方针确定后，城市规划工作开始向借鉴"苏联规划模式"转变。

从内容来看——国民经济计划主要着眼于国家社会主义现代化建设和军事国防等发展要求，对工农产业和各项社会事业发展作统一安排，"一五"计划的核心即是苏联援建的156个重点工业项目

---

① 《共产国际纲领与章程》提出"有计划地组织最科学的劳动；采用最完善的统计方法以及有计划的经济调度"；"苏联宪法"中规定："苏联之经济生活受国家所定国民经济计划之决定及指导，以期增进社会财富，一贯提高劳动民众之物质及文化水平，巩固苏联独立并加强其国防能力"。1920年，联共（布）第九次代表大会第一次广泛地提出统一的国民经济计划问题，会后俄罗斯国家电气化委员会制订了一个《电气化计划》；1927年12月，联共（布）第十五次代表大会作出关于拟定发展国民经济五年计划的决议。通过大规模引进先进技术的工业化与农业社会主义集体化相结合，并以"五年计划"为调控手段，苏联在短时间内实现了社会主义现代化国家的建设目标。

参见：[1] 苏联中央执行委员会附设共产主义研究院．城市建设 [M]. 建筑工程部城市建设总局译．北京：建筑工程出版社，1955：70.

[2] 经济资料编辑委员会．苏联国民经济计划工作的实践 [M]. 北京：财政经济出版社，1955：5.

[3] 克尔日札诺夫斯基．关于拟定发展国民经济五年计划的指示 [M]// 苏联国民经济建设计划文件汇编——第一个五年计划．北京：人民出版社，1955：30-31，50.

② 突出体现在工人住宅区建设、缩小城乡差别（在全国范围内发展中小城镇，促进生产力均衡布局）、"对人的关怀"（为居民的劳动、生活、休息和文化活动创造良好条件）、城市整体建筑艺术（以街区、街道、广场和重要建筑等为重点）等方面。

③ 李百浩，郭建．中国近代城市规划与文化 [M]. 武汉：湖北教育出版社，2008：16.

为中心的、由限额以上的694个单位组成的工业建设计划。城市规划以七届二中全会（1949年3月）关于“从乡村向城市战略转变”和“变消费城市为生产城市”等重大决策为依据，以各类工业项目的“具体落地”为出发点，统筹安排各类厂外工程（道路、电力、给排水等）、工人住宅区建设及教育、医疗、文化和商贸等公共福利设施，并对城市中心区、主要街道和重点建筑等进行建筑艺术设计。“一五”时期的城市规划主要包括两个层次：城市总体规划；工业区或住宅区的详细规划。前者因技术力量和时间等制约而以“初步规划”为主，后者又被称为修建设计。

从期限来看——国民经济计划以五年为明确期限。城市规划在对远期发展进行预测的基础上，强调以近期为主（重点落实近期施工的厂址、进行投资估算和修建设计等），并为远期发展留有余地而实现分阶段、分步骤安排。以1954年完成的西安城市总体规划为例，规划期限包括1953~1959年、1960~1972年和1972年以后等3个阶段。[①]

就技术特点而言——国民经济计划主要强调重工业、轻工业、农业等各产业部门之间及其内部的统筹安排与综合平衡，技术成果以一系列项目名单及大量相对烦琐的计划投资额度、比例等数字和表格为主要内容。城市规划以地方的自然和社会经济条件为基础，以实地测量的地形图为平台，讲究“基础调查→分析评估→方案比选→综合决策”的科学体系，技术成果具有文字、表格、图纸相互支撑的“图文并茂”特点。在空间指向方面，国民经济计划以地区、城市等宏观概念为限，城市规划以各类建设行为的空间布局为核心，

---

① 西安市人民政府城市建设委员会．西安市城市总体规划设计说明书（1954年8月29日）[Z]．中国城市规划设计研究院科技档案，档案编号：0925.

“规划总图”严格落实，其精度可精确至“米”的尺度。此外，城市规划的批准具有严格的程序规定，并明确要求须与各工业部门和铁路、教育、卫生等机构沟通协商及签订部门协议[①]，从而保证了城市规划较强的实施性。

在新中国成立初期，城市规划工作主要由1952年8月成立的建筑工程部主管[②]，国民经济计划则由1952年11月成立的国家计划委员会负责。由于城市规划建设工作突出的综合性、复杂性及繁重的任务，建筑工程部所属城市建设总局于1955年4月分出、升格为国务院直属机构，并于1956年5月成立专门的城市建设部；同时，国家为加强对基本建设的领导而成立基本建设委员会（1954年9月），国家计委和国家建委对城市规划工作负有政策指导职责。

就实际工作而言，国民经济计划以国家层面的整体计划为重点，各地区的国民经济计划相配合。我国第一个五年计划自1953年开始边编制、边实施，于1955年7月5日经一届全国人大二次会议正式通过。城市规划则凡工业项目有一定分布的新工业城市均有迫

---

① 1954年10月22日《关于办理城市规划中重大问题协议文件的通知》（五四计发西116号）中明确指出：“因城市规划关系到许多部门的建设问题，根据苏联的经验，在规划设计及审批过程中应由城市与各有关部门取得协议文件，与报审城市规划草案同时上报”；通知分三种情形对城市规划与有关部门取得协议的问题作了明确规定：“（一）城市规划有关卫生、防空、铁道、工业及拆迁部门有关问题，凡过去城市与有关部门已有协议文件或会议记录的，应作为城市规划的附件，由城市上报本委查考。（二）凡与城市规划有关的重大问题，过去曾经口头协议但未有协议文件者，应由城市与各有关部门补办文字的协议。（三）过去未作任何协议，应在此次报审城市规划时取得协议文件”。参见：建筑工程部档案．中央档案馆，档案号259-3-256：4.

② 1953年9月8日《中共中央关于中央建筑工程部工作的决定》（总号0137建第82号）中明确指出“城市规划工作仍暂由建筑工程部负责”。参见：《住房和城乡建设部历史沿革及大事记》编委会．住房和城乡建设部历史沿革及大事记[M]．北京：中国城市出版社，2012：6-7.

切要求，尤以首都北京及西安、太原、洛阳、兰州、包头、成都、武汉和大同8大重点城市为代表；此外，上海、天津、沈阳、广州等大城市也因自身发展要求而普遍开展城市规划工作。新中国的城市规划工作早在三年恢复时期即已着手进行，从1954年国家批准太原、西安、兰州、洛阳4市城市总体规划开始，到1957年共先后批准了15个城市的总体规划及部分详细规划。①

在城市规划实施中，对各地区、各城市的规划建设活动进行统筹协调的区域规划需求逐渐涌现。1956年5月《国务院关于加强新工业区和新工业城市建设工作几个问题的决定》中明确指出“积极开展区域规划，合理地布置第二个和第三个五年计划时期内新建的工业企业和居民点，是正确地配置生产力的一个重要步骤”②，国家建委于1956年11月成立区域规划局③，建筑工程部自1959年开始组织辽宁省朝阳地区、河南省郑州地区、江苏省徐州地区等区域规划试点④。但是，受科学技术准备不足及“大跃进”政治经济形势等因素所限制，这一时期的区域规划更多地具有探索和研究性质，对城乡发展和建设并未产生实际的指导作用。

在新中国成立初期，城市规划工作以国民经济计划为指导，所谓“国民经济计划的延续和具体化”；同时，耕地保护、用地功能分区等土地利用安排，合理选择污染或危险企业厂址、划定工业区

---

① 《当代中国》丛书编辑部. 当代中国的城市建设[M]. 北京：中国社会科学出版社，1990：49-50.

② 国务院关于加强新工业区和新工业城市建设工作几个问题的决定[R]// 城市建设部办公厅. 城市建设文件汇编（1953-1958）. 北京，195?：180.

③ 《住房和城乡建设部历史沿革及大事记》编委会. 住房和城乡建设部历史沿革及大事记[M]. 北京：中国城市出版社，2012：15.

④ 《当代中国》丛书编辑部. 当代中国的城市建设[M]. 北京：中国社会科学出版社，1990：75.

和住宅区间防护绿地等环境保护要求，均包含于城市规划之内。因此，新中国成立初期的城市规划具有与“国民经济计划”“国土规划”及“环保规划”等“四规合一”“天然融贯”的内在统一属性。

1956年7月，国家建委正式颁布《城市规划编制暂行办法》，对城市规划的指导思想、基础资料、规划设计的阶段与内容、规划设计文件的制定及部门之间的规划协议等做出了明确规定，堪称新中国最早的“城市规划法”。

3.2 1960~1970年代：国民经济计划和城市规划的“波动”

由于“大跃进”“人民公社化”运动及其他一些因素的影响，1959~1961年我国进入三年困难时期，加之中苏关系恶化、国际战争因素升级等影响，我国开始进行“调整、巩固、充实、提高”的国民经济大调整，国民经济计划经历了三年停顿（1963~1965年）；随后转向以备战为中心和“三线建设”为重点，并以此为指导思想编制“三五”计划（1966~1970年）和“四五”计划（1971~1975年）。①在“文革”后期，因国民经济结构失调和效益低下问题的加剧，又进行了以新一轮“调整、改革、整顿、提高”国民经济调整方针为指导的“五五”计划（1976~1980年）。②

在1960~1970年代，城市规划先是倡导“工农结合、城乡结合、有利生产、方便生活”的大庆工矿区建设模式，后又受“靠山、分散、隐蔽（进洞）”三线建设方针影响，在西部开发、山地城市规划建设

① 刘国光．中国十个五年计划研究报告[M]. 北京：人民出版社，2006：185-377.

② 刘国光．中国十个五年计划研究报告[M]. 北京：人民出版社，2006：378-439.

（如攀枝花、十堰）等方面有新的探索。“文革”开始后，城市规划建设工作受到极大的冲击。进入1970年代后，城市规划工作开始逐渐恢复，北京、兰州、桂林等城市率先开展城市规划工作。1976年7月唐山大地震发生后，唐山、天津等的灾后重建规划，是对城市规划工作恢复的一次有力推动。

在这一时期，虽然国民经济计划和城市规划均受到了严重冲击，规划的指导思想有所调整和转变，但是，就我国空间规划体系的发展、规划的内容和技术经济特征而言，则整体上仍然基本延续并保持了1950年代的总体格局与主要模式。

3.3　1980~1990年代中期：国民经济计划的转型、城市规划体系的完善及国土规划的试点

1978年开始的改革开放使我国社会经济发展步入全新的轨道，同时也带来城市发展理念的全新变化，使城市规划迎来蓬勃发展的“第二个春天”，国民经济计划则因计划经济体制向社会主义市场经济体制的转变而不断调整。

早在党的十一届三中全会召开（1978年12月）之前，国务院即于1978年3月召开第三次全国城市工作会议。会议的重要成果之一——1978年4月《中共中央关于加强城市建设工作的意见》（中发〔78〕13号）中明确指出：“全国的大、中、小城市，是发展现代工业的基地，是一个地区政治、经济和文化的中心，是巩固和发展工农联盟、实现无产阶级专政的重要阵地”，“城市工作必须适应高速度发展国民经济的需要，为实现新时期的总任务作出贡献。多年积累下来的问题必须积极而有步骤地加以解决。否则，必然会拖四个现代化的后腿”，并呼吁“为逐步把全国城市建设成为适应四

个现代化需要的社会主义的现代化城市而奋斗”。[①]1984 年 10 月的十二届三中全会所作《中共中央关于经济体制改革的决定》中进一步提出“城市是我国经济、政治、科学技术、文化教育的中心，是现代工业和工人阶级集中的地方，在社会主义现代化建设中起着主导作用。”[②]

在第三次全国城市工作会议精神、中共中央重要指示以及 1980 年 10 月召开的全国城市规划工作会议的指引下，城市在我国国民经济发展中的重要地位与作用得到重新强调，城市规划建设与科学发展的内涵逐渐加以认知，全国各地的城市规划工作大量开展起来，包括城市规划机构的恢复、规划编制工作的展开、规划管理的加强，等等。在新一轮大规模的城市总体规划工作中，1982 年的《北京城市建设总体规划方案》明确北京的城市性质为“全国的政治中心和文化中心”，不再提“经济中心”和“现代化工业基地”；1982 年国家公布首批共 24 座历史文化名城和首批共 44 处国家重点风景名胜区，并陆续出台有关法规文件，历史文化名城和风景名胜区的保护规划制度得以建立。同时，住宅区建设、旧城改造大力推进，城市环境综合整治成效显著。

我国实行对外开放，其空间部署是以 5 个经济特区、14 个沿海开放城市和 3 个经济开放区等为主体。相应地，有关特区、沿海和沿江地区的城市规划实践是改革开放时期我国城市规划工作发展的重要领域，这些规划更加注重城市土地的商业价值，注重城市规划的灵活性和弹性，注重区域发展的整体性。作为开发最早、

① 国家城市建设总局办公厅 . 城市建设文件选编 [R]. 北京，1982：1-9.

② 中共中央关于经济体制改革的决定 [M]// 中共中央文献研究室 . 改革开放三十年重要文献选编 . 北京：中央文献出版社，2008：344-361.

面积最大的特区，深圳特区的城市规划具有典型代表性，其在规划指导思想上突出了为特区经济发展服务，从特区实际出发的基本原则；把规划作为一个动态的设计过程，改变原来的阶段规划为滚动式规划，以适应市场经济多变的复杂情况；根据特区经济发展的特点和地形条件，采用带状多中心组团式布局结构，使规划富有弹性，留有发展变化的充分余地。正是在科学规划的引导和调控下，深圳特区从一个人口只有 2 万多人、面积不到 3 平方公里的边陲农业小镇，迅速成长为一个以电子工业为主导，包括机械、纺织、轻工等多种行业的现代化新兴产业城市，1984 年常住人口已近 20 万，国民收入从 1978 年的 1.79 亿元迅速增长到 12.53 亿元。

同时，城市规划的法制化进程也得以迅速推进。1984 年 1 月颁布施行的《城市规划条例》初步建立起我国城市规划的法律体系，明确了建设项目的规划许可证和竣工验收等各项基本制度；1989 年颁布、1990 年 4 月 1 日正式施行的《中华人民共和国城市规划法》，标志着城市规划工作全面走上了制度化的新轨道，对于依靠法律权威、运用法律手段，保证科学、合理地制定和实施城市规划，实现城市的经济和社会发展目标，具有重要的历史意义。以《城市用地分类与规划建设用地标准》（1990 年）、《城市规划编制办法》（1991 年）及其“实施细则”（1995 年）、《村庄和集镇规划建设管理条例》（1993 年）、《城镇体系规划编制办法》（1994 年）等为代表的一系列法规文件和“一书两证”“土地开发管理”“建设项目选址”等管理文件陆续出台，建立起相对完善的城市规划法律法规和技术规范体系。

从 1980 年代到 1990 年代中期，我国城市规划之所以出现繁荣发展的局面，一方面是对计划经济时期“极左”思想主导下城市建设活动的混乱无序的沉重反思[①]；另一方面则是“拨乱反正”“实践是检验真理的唯一标准”大讨论等所创造的思想解放氛围，以及国家召开全国科学大会并作出实施科教兴国战略重大决策后，迎来了科学的春天。除此之外还有一个重要因素，即强有力的体制保障：1979年3月国家成立直属国家建委领导的国家城市建设总局；1982年5月组建城乡建设环境保护部（下设城市规划局、环境保护局等），土地管理、环境保护等职能均在城乡建设环境保护部内部，形成了规划、国土和环境保护“三位一体”的统一管理体制（1984年成立国家环境保护局，仍属城乡建设环境保护部领导[②]）；1984年7月，经国务院同意，城乡建设环境保护部城市规划局改由与国家计委双重领导，在组织上为规划和计划的结合创造了条件，保证了国家宏观的指导计划与城市规划的密切结合[③]。就各地城市而言，城市规划管理体制方面也有诸多重大突破，如1983年中共中央、国务院成立首都规划建设委员会，上海、杭州等地相继成立由市长负责的城市规划建设委员会[④]等。这些强有力的体制保障，对于保证城市规划的权威性、实现城市规划的综合协调和统一领导等，起到了不可估量的关键作用。

---

① 正如《中共中央关于加强城市建设工作的意见》所指出的：“‘骨头’与‘肉’的关系很不协调，城市职工住宅和市政公用设施失修失养、欠账很多，市容不整，环境卫生很差，大气、水源受到严重污染，园林、绿地、文物、古迹遭到破坏，交通秩序混乱，副食品供应紧张”，“这些问题的存在，严重地影响生产，影响人民生活，影响工农联盟，影响安定团结。无论从现实或发展上看，都已经到了非解决不可的时候了”。

② 同年，城乡建设环境保护部专门发出《关于加强城市土地管理工作的通知》等文件，1985年12月，城乡建设环境保护部城市规划局还曾在合肥主持召开全国城市土地规划管理会议，旨在加强土地管理工作。

③ 《当代中国》丛书编辑部．当代中国的城市建设[M]．北京：中国社会科学出版社，1990：134.

④ 《当代中国》丛书编辑部．当代中国的城市建设[M]．北京：中国社会科学出版社，1990：138-139.

自“六五”计划（1981~1985年）开始，我国的国民经济计划中增加了社会发展的内容，计划的题目也改为“国民经济与社会发展计划”（之前为“发展国民经济的五年计划”），反映出人口和社会因素在计划中的地位在加强，同时经济发展战略开始向以提高经济效益为中心转变。[①] 在“七五”计划（1986~1990年）实施中，因出现经济过热问题而提出“治理整顿、深化改革”的方针。1992年小平南方谈话后，十四届三中全会（1993年11月）通过的《中共中央关于建立社会主义市场经济体制若干问题的决定》正式提出建立社会主义市场经济体制的目标，从而在“八五”计划（1991~1995年）期间实现经济体制改革的重大转折。总的来看，在1980年代至1990年代中期，国民经济计划的“计划经济”色彩仍较突出，但由于经济体制的逐步转轨，以往国民经济计划中通盘安排各项工农产业、以各类投资项目为主体的“计划性”内容逐步减弱，从而日趋显露出国民经济计划的核心规划内容“空虚化”、实际规划作用式微等迹象。

自1980年代开始，我国启动国土规划的试点工作；至1990年代初，全国多数省市编制了省市级的国土规划，有些省市还编制了省内经济区、地区或县域的国土规划，“在全国范围首次出现了编制多层次区域性空间规划的高潮”。[②] 但是，“由于国土规划工作尚未通过立法取得应有的法定地位，全国国土规划纲要和省区国土规划均未报请国务院审批，不具有权威性和约束力，致使大量国土规划成果只被作为基础资料保存，未能发挥规划的应有作用”。[③]

① 刘国光. 中国十个五年计划研究报告[M]. 北京：人民出版社，2006：455-456.

② 胡序威. 区域与城市研究（增补本）[M]. 北京：科学出版社，2008：401-402.

③ 胡序威. 区域与城市研究（增补本）[M]. 北京：科学出版社，2008：402.

至于环境保护的相关内容，在这一时期一直被涵盖于城市规划之中，尚未形成相对独立的规划类型。

3.4 1990年代中期以后：多部门、多类型规划的“分野”

1990年代中期以后，我国规划体系发展出现了多部门组织、多类型并存的“裂变”和“分野”现象。这一时期大致与最近20多年的高速城镇化发展过程相伴随，其核心影响因素主要在两个方面：①随着土地有偿使用制度改革的逐步深化，1994年的分税制改革塑造了中央政府与地方政府的独特关系，激发了城市发展的市场活力及地方政府谋求经济发展的巨大动力；②改革开放逐步深入，特别是2001年中国加入世界贸易组织，实现经济全球化发展，形成以城市自身的“意志”为主导观念的强大动力。

自2000年开始，以广州、南京等城市为代表和起步，国内数十个重要城市（特别是省会城市和一些经济实力较强的中心城市）纷纷开始编制战略规划。作为城市规划理论思想发展的创新类型，战略规划大多由城市政府委托，体现出较强的“自下而上”的特点，以及随着地方政府追求经济发展动力的显著增强，“城市经营”观念的逐步深化，期望通过重点反映自身发展利益诉求的战略规划等规划工作的展开，作为提高城市竞争力、带动地区社会经济快速发展的施政手段之一。

城镇体系规划是城市规划应对经济全球化和城市区域化发展的另一创新性规划类型。继1999年9月国务院批准第一个《浙江省城镇体系规划》之后，2000年开始又批准了安徽、山东、福建等一大批省域城镇体系规划，2003年底全国27个省区中有25个编制完成省域城镇体系规划，近半数的省域城镇体系规划得到批复。同时，其他如珠三角、长株潭、武汉城市群或都市圈等非法定区域规划类型也大量开展起来，而2000年4月《县域城镇体系规划编制要点》的颁布则进一步掀起县域城镇体系规划的编制热潮。

在这一时期，规划编制类型的多元化是城市规划发展的一个重要现象。在《城市规划法》实施后，许多城市在城市总体规划的指导下，进一步编制分区规划和修建性详细规划，给排水、电力电信、燃气、热力等各专项规划也逐步加强。在土地有偿使用改革不断深化的背景下，控制性详细规划开始在各地区、各城市付诸实践，温州、上海等地的控制性详细规划编制经验逐步向全国推广。由于县域经济和小城镇发展得到重视，促进了县域规划和小城镇规划的开展。随着高新技术产业区建设的推进，在开发区规划兴起的同时，有关智密区（智力密集区）规划、产业园区规划的研究和编制工作广泛展开。在高等教育改革、高校合并的背景下，兴起科学城规划、大学园区（校园）规划。

随着房地产开发、旧城改造工作的推进以及城市经营理念的加强，兴起城中村改造规划、城市风貌特色规划、CBD（中央商务区）规划、城市广告规划、城市色彩规划等。随着对城市设计重要性认识的提高，城市中心区、滨江地区等的城市设计工作蓬勃展开；由于新区、新城建设往往是地方政府推进城镇化发展的主要手段，新区规划、新城规划等也大量开展。在快速城镇化发展过程中，由于城市交通问题、环境污染问题日益凸显，城市综合交通规划及有关园林绿地系统规划、生态城市规划、城市生态环境规划、非建设用地规划等各类“生态规划”受到重视并逐渐成为相对独立的规划类型；由于地下空间开发逐渐得到重视，各地纷纷启动地下空间开发规划工作；由于城市安全事故的多发，城市安全规划、消防规划也开展起来。此外，针对高速城镇化的时代背景，为加强城市规划的现实指导性，近期建设规划引起高度的关注；由于住房建设日益得到重视，兴起相应的住房建设规划编制热潮；随着历史文化保护工作的加强和内容拓展，兴起历史街区保护规划、历史文化名镇保护规划、历史文化名村保护规划……

城市规划依法行政的加强，是进入21世纪后我国城市规划发展的另一个重要现象。2002年8月，建设部印发《城市规划强制性内容暂行规定》；2002~2005年先后颁布《城市绿线管理办法》《城市紫线管理办法》《城市黄线管理办法》和《城市蓝线管理办法》；2005年5月，建设部发布《关于建立派驻城乡规划督察员制度的指导意见》，并于2006年9月向各地派遣第一批城乡规划督察员；2005年9月，建设部、监察部联合下发《关于开展城乡规划效能监察的通知》；2006年2月对《城市规划编制办法》进行了修订，进一步明确了城市规划工作中的强制性规定等内容。

2007年10月通过、2008年1月实施的《中华人民共和国城乡规划法》是在原《城市规划法》和《村庄和集镇规划建设管理条例》的基础上修订的，最突出的变化体现在法律名称从"城市"到"城乡"的转变，一字之差反映出规划理念的全新转变，城乡统筹被明确写入城市规划工作的指导思想，城镇体系规划、乡规划和村庄规划与城市规划、镇规划一起被纳入统一的城乡规划体系。同时，《城乡规划法》突出公共政策属性，强调城乡规划的综合调控地位，维护城乡规划的权威性，规划编制、修改及审批的各项程序更加严格，监督检查和公众参与的工作力度显著提高。

与此同时，以1999年颁布《注册城市规划师执业资格制度暂行规定》《注册城市规划师执业资格认定办法》及1994年颁布《高等学校建筑类专业教育评估暂行规定》为标志，城市规划的执业资格认证和专业教育评估制度逐步建立并完善。2011年，"城乡规划学”正式从传统的“建筑学”中独立出来，升格为国家一级学科。

1990 年代中期以来，也是国民经济计划迅速发展和转型的时期。一方面，随着地方政府“自我”发展意识的显著增强，除了国家层面的国民经济计划之外，省、市、县甚至乡镇等各级政府也纷纷投入大量精力编制本级政府范围内、同样以“五年”为期限的国民经济计划。另一方面，由于“五年计划”是计划经济的产物，随着我国建立社会主义市场经济体制改革中逐步的“去计划经济化”，逐渐从计划经济时期的“指令型”转向“指导型”，以五年为期限的国民经济计划越来越失去其核心内涵。正是在此十分“危急”的情形下，自 2006 年开始，国民经济计划正式更名为“国民经济规划”，并将其“定格为对空间规划具有约束功能的总体规划，同时正式打出‘区域规划’旗号，把区域规划放到空间规划体系中亟待加强的重要位置”。[①] 从 2005 年批复浦东新区综合配套改革试验区开始，五六年间由国家发改委系统牵头的各类区域规划已出台 50 多个，并经历了 2009~2011 年间的密集批复。[②]

不仅如此，在国家发改委系统主导下，还提出了“主体功能区规划”的“全新”概念，并以国务院名义发布《关于编制全国主体功能区规划的意见》(国发〔2007〕21 号)。主体功能区主要是一种类型区，强调的是同质性。[③] 在本质上，主体功能区规划只是空间区划方法的一种类型而已，城市和区域规划工作中针对某

① 胡序威 . 区域与城市研究（增补本）[M]. 北京：科学出版社，2008：418.

② 媒体解读国家战略性区域规划：由国家发改委牵头 [N]. 新京报，2014-04-14. http：//politics.people.com.cn/n/2014/0414/c1001-24890315.html

③ 张可云 . 主体功能区的操作问题与解决方法 [J]. 中国发展观察，2007（3）：26-27.

一特定规划范围进行空间管制分区，并制定相应空间政策的做法由来已久。我国1991年颁布的《城市规划编制办法》早就规定城市总体规划工作应当划分禁建区、限建区、适建区和已建区（简称“四区”），并制定空间管制措施。尽管主体功能区和城市总体规划的“四区”在区块功能和空间界限方面不尽一致，但都是以空间管制为共同目的的性质相同的空间规划方法。主体功能区规划的出现，正是国家不同部门之间对空间规划工作的争夺现象。其实，主体功能区规划与传统的区域规划之间的相互关系也是一个突出问题，两者分别由国家发改委的不同司局主导（发展规划司组织拟订国民经济和社会发展中长期规划、全国主体功能区规划，地区经济司组织拟订区域经济发展规划），本质上却都是区域规划。

主体功能区规划由于对生态问题特别关注而高举道义的大旗，但限制开发区域和禁止开发区域的具体划定却又是备受争议的事项，正如有关学者指出："国家实行功能区规划，符合区域经济发展的理论要求，但与中国国情相对照，实际操作难度较大"，"现在如果实行全国性的功能区规划，强制推行优化开发、重点开发、限制开发和禁止开发四类的功能区，势必把传统的区域经济结构打破。打破这一结构，实际上是对区域经济利益的大调整，在当前我国市场经济发育还不完善、市场竞争还不完全公平的条件下，靠行政的手段进行功能区布局，难以做到区域经济利益的均衡。这是编制全国功能区域规划遇到的主要阻力，是理论和实践不统一的主要障碍"，"打破这一障碍的先决条件是国家财力必须达到相当的规模，具有对限制开发、禁止开发功能区实行财政补偿的可持续调控能力。否则的话，难以把限制和禁止落到实处。如果国家补偿不到位，强行进行限制和禁止管理，势必造成中央和地方矛盾的激化，区域发展失衡，经济问题有可能引发为政治问题”。[1] 在工作起步早期，主体功能区规划主要在全国和省级两个层面上组织编制，与城市规划工作的直接冲突和矛盾尚不十分显著。但之后如果主体功能区规划工作继续向城市、县乃至乡镇延伸，其势必会出现诸如非建设用地规划等的固有缺陷。[2]

如果说国民经济“计划”向“规划”的转型及“主体功能区规划”的出现，主要是基于传统的“五年计划”的现实功能与作用逐步丧失这一“危机”因素，那么，国土规划和环保规划的发展，则更突出地体现为国土管理和环境保护的职能从以前的“城乡建设环境保护”系统分出并独立这一行政体制改革因素：① 1986 年 3 月，根据中共中央、国务院《关于加强土地管理、制止乱占耕地的通知》，为了加强对全国土地的统一管理，决定成立国家土地管理局[3]，作为国务院直属机构，并由城乡建设环境保护部和农牧渔业部的有关土地管理业务连同人员为基础进行组建[4]；1998 年 3 月，国务院机构改革决定成立国土资源部。

---

① 主体功能区规划的现实考量 [J]. 人民论坛学术前沿（总第 330 期）. 来源：http：//www.rmlt.com.cn/News/201107/201107241856442237.html

② 不论“非建设用地”、限建区、生态廊道或绿地系统规划等，基本上都属于“自然生态”的范畴，这类规划如果不考虑（或不充分考虑）社会、经济生态系统的有关内容，不仅规划内容无法体现城市 - 区域作为自然 - 经济 - 社会复合生态系统的内涵，有关“自然生态”的规划内容也必然由于受到更深层次的社会、经济生态系统的牵制而难以取得积极成效。北京市限建区规划获得全国优秀规划设计一等奖，但同时北京的绿色生态空间在持续被蚕食，即为例证。

③ 国家土地管理局负责全国土地、城乡地政的统一管理，其主要职能包括：贯彻执行国家有关土地的法律、法规和政策；主管全国土地的调查、登记和统计工作；组织有关部门编制土地利用总体规划；管理全国土地征用和划拨工作，负责需要国务院批准的征、拨用地的审查、报批；调查、研究、解决土地管理中的重大问题；对地方各部门的土地利用情况进行检查、监督，并做好协调工作；会同有关部门解决土地纠纷，查处违章占地案件等。

④ 苏尚尧 . 中华人民共和国中央政府机构（1949-1990 年）[M]. 北京：经济科学出版社，1993：195.

②原环境保护部的前身为城乡建设环境保护部环境保护局，1984 年 12 月，国务院为加强对环境保护工作的领导，将环境保护局升格为国家环境保护局，仍归城乡建设环境保护部管理；1988 年 5 月，国务院机构改革，城乡建设环境保护部被撤销，原城乡建设环境保护部国家环境保护局升格为国务院直属机构；1998 年，国家环境保护局升格为国家环境保护总局；2008 年，环境保护部正式成立。

紧随国土管理和环境保护职能从城乡建设部门的分出，促使有关国土管理和环境保护方面法律的迅速出台：1986 年 3 月国家土地管理局成立后，1986 年 6 月即通过《中华人民共和国土地管理法》（1987 年 1 月实施）；1988 年 5 月国家环境保护局升格为国务院直属机构后，1989 年 12 月《中华人民共和国环境保护法》即从之前的“试行”转变为正式实施。

就土地管理而言，国土管理职能从城乡建设环境系统分出，以及《土地管理法》的出台，均具有十分突出的“耕地保护”意图。1998 年 4 月，国土资源部负责人在九届全国人大二次常委会上所作的《关于〈中华人民共和国土地管理法（修订草案）〉的说明》中，明确指出“修改现行土地管理法的指导思想是：以中发〔1997〕11 号文件精神为指导，突出切实保护耕地这一主题”。[①] 而紧随《土地管理法》出台的，则正是其有关“规划”职能的“强化”：“国土部门运用《土地管理法》所赋予的土地管理权，首先将重点放在编制土地利用规划，要求将城乡建设的用地规划服从于土地利用规划”[②]；自 1996 年国务院 18 号文开始，国土资源部的许多法规和政策对城

① 关于《中华人民共和国土地管理法（修订草案）》的说明——1998 年 4 月 26 日在第九届全国人民代表大会常务委员会第二次会议上 [N/OL]. 1998-04-26[2014-11-16]. http：//www.law-lib.com/fzdt/newshtml/20/20050816170449.htm

② 胡序威 . 区域与城市研究（增补本）[M]. 北京：科学出版社，2008：417.

市规划“传统的”工作领域形成“包围”[①]。然而,“第一轮的全国不同层次的土地利用规划，主要突出保护基本农田，要求在扩大建设用地的同时保持耕地的动态平衡，对建设用地的控制指标有些不切实际，使各地的规划指标很快就被突破”。[②]

关于国土规划，“在国务院将国土规划的职能划给国土资源部后，因该部的工作重点是管好土地、矿产、地下水和海洋地质等国土资源，专业性较强，要承担以国土空间开发、利用、治理、保护的综合协调为中心任务的国土规划，感到工作难度较大，且在本系统内也缺乏这方面的规划技术力量，所以多年迟迟没有开展此项工作”，“直到21世纪开始出现部门间争夺区域性规划空间的苗头后，国土部门才意识到，再不抓国土规划将无法向国务院交代。所以从2002年开始，先选择深圳和天津二市开展市域国土规划的试点。因当时这两个市的城市规划和国土管理机构正好合在一起组成规划国土局，可调用城市规划的技术力量参与国土规划”。[③]2009年，国土资源部加大了国土规划工作推进力度，成立专门的工作组，完成了报国务院《关于开展国土规划工作的请示（征求意见稿）》，并于2010年9月正式启动全国国土规划纲要编制工作。国土部门“进行的新一轮土地利用规划的修编，增加了国民经济和社会各项建设对土地需求的预测”，“对农林牧、工矿、城乡建设、交通水利等基础设施和生态保护用地进行统筹安排，同时还增加了因地制宜进行分区管治的内容，使其向区域规划进一步靠拢”。[④]

---

① 张兵．城市规划理论发展的规范化问题——对规划发展现状的思考[J]. 城市规划学刊，2005（2）：21-24.

② 胡序威．区域与城市研究（增补本）[M]. 北京：科学出版社，2008：417.

③ 胡序威．区域与城市研究（增补本）[M]. 北京：科学出版社，2008：418.

④ 胡序威．区域与城市研究（增补本）[M]. 北京：科学出版社，2008：417-418.

就环保规划而言，2002年颁布的《环境影响评价法》把规划环评作为法律制度确立了下来[①]，2009年8月正式颁布的《规划环境影响评价条例》则明确要求“加强对规划的环境影响评价工作，提高规划的科学性，从源头预防环境污染和生态破坏，促进经济、社会和环境的全面协调可持续发展”。这对于推进产业合理布局和城市规划的优化，预防资源过度开发和生态破坏，具有积极意义。可问题是，城市规划的科学制定，本身必然要以环境资源承载能力的评价为基础，规划环评的目的意义和必要性何在？就城市规划工作而言，其内容不仅包括环境影响，还有城市发展、设施配套、空间组织等许多其他方面，促进各类资源合理利用、防止各类污染、保护生态环境等，本来一直就是城市规划的核心内容，但《规划环境影响评价条例》的出台则“反其道而行之”，规划成果的科学与否居然要由“规划环评报告”所评判。[②]就规划环评工作的组织而言，进行环评的有关技术人员往往是环保系统对环境监测等较熟悉的专业技术人员，他们常常连“五花八门”的规划图纸尚难以看懂，对十分综合、复杂的城市规划的意图的理解尚存在很大偏差，如何保障规划环评的科学性？规划环评的出现，只能看作是环保部门从建设系统分离后部门之间争夺空间规划利益的又一表现。与主体功能区规划、国土规划一样，环境保护规划也高举道德和正义的大旗，但正如区域性、复合型的大气灰霾污染天气绝不可能由环保部门单

① 《环境影响评价法》要求“国务院有关部门、设区的市级以上地方人民政府及其有关部门，对其组织编制的土地利用的有关规划，区域、流域、海域的建设、开发利用规划，应当在规划编制过程中组织进行环境影响评价，编写该规划有关环境影响的篇章或者说明”。

② 李浩．生态导向的规划变革——基于“生态城市”理念的城市规划工作改进研究[[M].北京：中国建筑工业出版社，2013：51-52.

独完成治理目标，同样的道理，“特立独行”的规划环评，其真正的实际社会作用自始至终一直颇受质疑。

2018年2月党的十九届三中全会作出深化党和国家机构改革的重大决策以来，特别是2018年11月18日中共中央和国务院联合下发《关于统一规划体系更好发挥国家发展战略规划导向作用的意见》以后，我国规划体系发展已经进入一个全新的历史新时期，以往国民经济和社会发展规划、城市规划、国土规划、主体功能区规划和环保规划等相关规划相互掣肘的体制性矛盾，有望在较短时间内趋于终结。

3.5 几点初步的认识

首先，关于国民经济计划（规划）。从苏联和中国的实践情况来看，国民经济计划的内在生命力在于计划经济的特殊社会制度条件。随着我国从计划经济体制向社会主义市场经济的转轨，新中国成立初期“五年计划”的独特生存条件已不复存在，可以预言，未来国民经济和社会发展规划还将进一步发生巨变。但是，由于我国地域辽阔、人口众多，民族、贫困及区域不平衡问题突出，对国民经济发展保持一定程度的计划性及实行相应的宏观调控措施，对我国仍然是十分必要和现实的。未来国民经济和社会发展规划的进一步发展应努力契合这一时代要求。

其次，关于城市规划、国土规划和环保规划。三者均具有突出而敏感的“空间”属性和“空间”规划指向，因为，城市规划自古以来本身就是以土地利用规划为核心，以环境保护为宗旨，土地利用和环境保护本来就已包括在城市规划工作之中。这三类规划的内容交叉、重复最为显著，在行政管理中的矛盾纠纷众多，相互掣肘甚为突出，其根源主要在体制因素而非规划本身。

从历史的角度看，国土规划和环保规划之所以一步步地演变为独立的强势规划，根源即在耕地保护和环境保护这两杆道德和正义的大旗，有关领导和社会公众极容易为情所动而给予支持，此外更有新部门的成立所必然伴随的权威和特权的强化。早在1998年《中华人民共和国土地管理法（修订草案）》征求意见之际，城市规划学术界进行座谈讨论时，即敏锐指出“这部‘草案’从总体思路、结构体系和内容上看，更象［像］一部‘耕地保护法’，在体现土地管理层次的全面性方面，尚有较大差距”，并警觉到“该‘草案’在城市建设用地的申报、审批程序，城市用地规模的确定及土地利用总体规划与城市规划的关系等方面与《城市规划法》存在着较大的冲突。如果照此实施，必将造成国家和地方在城市土地管理和执法上的全面混乱”。[①] 但与情感和道义相比，科学和理性却是那么的无力。

规划是一种公共政策，规划的过程是一种制定公共政策和公共行政的过程，它必须在一定的法律框架内进行，因此法律授权的不同决定了不同规划的地位和作用，因而也决定了不同规划之间的相互关系。[②] 在现实生活中，立法往往成为各部门主导之下的圈占利益的行为，法律亦成为争权夺利的工具。[③]“行政立法部门化”严重损害法律权威，破坏国家法制统一，阻碍社会主义法治建设。[④] 正如我国地理科学界的权威学者胡序威先生所指出的：“部门间相互争夺区域规划空间的现象，尽管名目不一，各有侧重，但其内容多

---

① 中国城市规划学会组织京津专家召开《中华人民共和国土地管理法（修订草案）》座谈会［J］. 城市规划通讯，1998（11）：1-2.

② 中国城市规划设计研究院 . 城乡规划与相关规划的关系研究［R］. 建设部城乡规划司委托课题报告，2004-02：16.

③ 单文峰 . 部门化立法浅议［J］. 法制与社会，2013（10）：21-22.

④ 刘细良 . 论“行政立法部门化”及其防范［A］.“构建和谐社会与深化行政管理体制改革”研讨会暨中国行政管理学会 2007 年年会论文集［C］. 武汉，2007：533-536.

大同小异，导致大量工作重复，资源浪费，各搞各的，互不协调，甚至各不认账，严重影响规划的科学性、实用性和权威性。”[①] 这是1990年代中期以后我国各类空间规划名目众多、内容交叉、彼此掣肘严重等突出问题之所以产生的根本症结之所在。

最后，关于如何以历史的眼光审视相关规划的未来走向。回顾我国规划体系的发展演变，历史以无可争辩的事实表明：城市规划工作具有悠久的历史传统和文化渊源，古今中外，不论何种社会发展阶段，不论社会主义或资本主义的制度条件，城市规划历来一直是加强城市治理、改进政府职能最基本、最必要的手段。

从历史发展来看，主体功能区规划、国土规划和规划环评等在规划实践中所出现的种种问题，并非一般的发展阶段的暂时性问题，而是属于文化层面的根源性、制度性问题，其日益尴尬的处境与前景在所难免。因为，任何一种规划制度在社会中的扎根并产生旺盛的生命力，绝非成立一个部门、颁布一部法律如此简单之事，必须要科学理论、现实诉求、技术队伍、专业体系、组织管理及外部协调等一系列环节与之配套，是一项十分复杂的社会系统工程。新部门的设立，或许因对有关问题的缓解具有现实意义而有一定的可取之处，但新部门的作为如果完全寄托于一种新规划类型的横空出世，则必然是错误之举，也注定将是徒劳的。简言之，规划的权威要经受社会实践的检验。从这一角度，基于整体谋划与统筹协调的科学和理性最终又必将会战胜单一价值取向的情感和道义。

悠久的历史传统和实践磨炼，在根本上决定了城市规划在担负空间规划职能方面，具有其他规划类型所不能与之比拟的一系列突

---

① 胡序威. 区域与城市研究（增补本）[M]. 北京：科学出版社，2008：417-418.

出优势，如：较为成熟的科学理论体系，雄厚的专业技术力量，独特的空间落地功能，从宏观到微观、从综合性规划到专项规划的完整规划体系，对资源管控、地方发展、利益协调等方面的综合服务功能，等等。就新中国成立近70年来的发展历史而言，在相当长的历史时期，城市规划、土地利用和环境保护工作属于同一系统范畴，具有长期部门共治的体制传统。所谓“天下大势，分久必合，合久必分”。在宏观层面推进国土空间规划体制的建立和落实，在城市层面强化以城市规划工作及其相关改革为核心，统筹推进相关空间性规划的协调统一，将是历史之必然。

3.6 进一步完善国家规划体系的粗浅建议

第一，将国民经济和社会发展规划转变为“国民经济与社会远景发展纲要”，即对国家层面长期性、战略性的国民经济与社会发展事项进行粗线条的预测及安排，规划期限宜定位于20年或更长的时间段，以更加突出其纲领性、政治性和综合性。

第二，在全国和区域层面推进国土空间规划体制的建立和落实，在城市层面强化以城市规划工作及其相关改革为核心，采取必要的行政管理改革措施，建立完整、统一的国家空间规划体系。

第三，继承“五年计划”在重大项目安排及与政府任期相统一的特色，吸纳城市规划中近期建设规划在项目落地、配套设施和空间保障等方面的优势，构建以五年为期限、具有各级政府“施政方案”性质的近期建设计划制度。

第四，严肃规范对“规划”概念的使用行为。建议除国家明文规定以外，一般的政府工作或计划性事务安排均不得再采用“规划”之名，以避免规划概念的进一步泛化或滥用。

第 4 章

改革开放初期城市规划转轨的历史经验

在当前“全面深化改革”的形势下，城市规划行业面临推进改革的空前压力。历史总是有着惊人的相似，我国改革开放初期的城市规划发展状况与当今有很大的相似性，其成功转轨的历史经验可资借鉴。本章将其归纳为城市规划领域的思想解放、城市规划科学研究的繁荣、“先锋城市”的规划探索、强有力的体制保障及同步推进改革的良好外部环境等几个主要方面。通过对制约当前城市规划发展若干重大议题的深入分析，提出推进城市规划改革的若干设想，包括研究制定国家“规划法”、组建“中国城市研究院”、加强“城乡规划学”的二级学科建设、推进“注册城市规划师”责任制度建设、完善“城市规划（设计）大师”评选制度和“社区规划师”制度等。

4.1 推进城市规划改革的紧迫要求

党的十八届三中全会以来，有关“全面深化改革”已成为社会各方面共同关注的一个热门话题。对于城市规划行业而言，同样面临推进改革的空前压力。从外部环境来看，随着中国城镇化率首次超过 50%，城乡居民生活方式发生重大变化，推动新型城镇化与新型工业化、农业现代化和信息化“四化融合”发展，已成为十分重要的国家战略；而国际经验表明，城市规划是促进城镇化健康发展的基本手段和关键途径之一。[①] 不难判断，在未来新型城镇化的发展过程中，城市规划工作肩负重要的使命和责任。就自身情况而言，近三十年来，伴随快速城镇化发展，城市规划工作也形成了一定的“增长型”规划模式特征，较多服务于偏单一化的经济目标而丧失其对社会、经济和环境等多方面内容的综合协调功能，显然既难以满足新型城镇化的战略要求，也难以长期持续发展。中央城镇化工作会议明确提出“城市规划要由扩张性规划逐步转向限定城市边界、优化空间结构的规划”[②]，正反映出现行城市规划工作的内在缺陷。而对于广大城市规划师而言，面对极为繁重的规划任务和市场压力，由城市规划社会地位提升所带来的“不能承受之重”[③]，特别是伴随政府财政紧缩带来的规划费拖欠问题及新一轮事业单位改革的动荡

---

① 李浩．城镇化率首次超过50%的国际现象观察——兼论中国城镇化发展现状及思考[J]．城市规划学刊，2013（1）：43-50.

② 中央城镇化工作会议在北京举行[N/OL]．新华网，2013-12-14．http：//news.xinhuanet.com/video/2013-12/14/c_125859839.htm

③ 孙施文．城市规划不能承受之重——城市规划的价值观之辨[J]．城市规划学刊，2006（1）：11-17.

等，对职业前途感到迷茫，消极情绪蔓延[①]。种种迹象表明，城市规划的再改革已经到了刻不容缓的地步。[②]

4.2 改革开放初期中国城市规划成功转轨的历史经验

正如马克思所说：历史总是有着惊人的相似。[③]反观新中国城市规划发展的历史进程，改革开放初期（大致对应于1970年代末至1980年代）城市规划行业的发展状况与当今有很大的相似性。一方面，党的十一届三中全会作出实行改革开放的重大决策，政治和社会经济改革逐步展开；随着农村改革突破及沿海、沿江、沿边对外开放政策的推进，城镇化得以快速发展，城市建设和城市管理对城市规划工作的需求日益增长。另一方面，新中国前三十年城市规划工作主要采取"苏联模式"，计划经济特征显著，难以应对城市发展和城市建设中不断涌现的新情况和新问题，无法适应新的改革开放形势发展需要。尽管以"三年不搞城市规划"事件和新中国第一本《城乡规划》教科书的编写为主要标志，曾经有过建立中国特色城乡规划理论的重要尝试和努力[④]，但却由于"文革"等政治运动的发生而被迫中断……

然而，在1980年代，新中国的城市规划发展却最终实现了从

---

① 张奇云．城市规划设计事业单位改革中的人力资源危机探析[J]．当代经济，2013（12）：56-57.

② 本章部分内容曾载于《规划师》2015年第4期。

③ 张士军．轮回与怪圈：游民的历史渊源及当代发展[J]．中国青年研究，1995（4）：18-19.

④ 李浩．历史回眸与反思——写在"三年不搞城市规划"提出50周年之际[J]．城市规划，2012（1）：73-79.

计划经济体制向社会主义市场经济体制的成功转轨：1984年颁布的《城市规划条例》、1989年颁布的《中华人民共和国城市规划法》及"一书两证"规划许可制度的实行，确立了国家实行城市规划工作的基本制度，终结了计划经济时期城市规划发展极为波动的"非常"局面；《城市规划编制办法》《城市用地分类与建设用地标准》《居住区规划设计规范》《村镇规划标准》和《县域规划编制办法》等的研究和起草，逐步建构起中国城市规划的法规和技术体系；控制性详细规划的出现及城市规划管理的强化，适应了土地有偿使用的市场化改革要求；一大批城市总体规划、经济特区和开发区规划等的编制和实施，对城镇化和城乡发展发挥了极为重要的促进作用，有力推动了国家的工业化、现代化及改革开放进程……从历史认识的角度看，改革开放初期城市规划的成功转轨，堪称新中国城市规划发展的一个奇迹。也正是在这个意义上，两院院士周干峙先生将1980年代称为继"一五"时期后新中国城市规划发展的"第二个春天"。[①]

那么，改革开放初期中国城市规划的成功转轨，其决定性因素主要是什么？对今天的城市规划发展有何借鉴意义？回顾历史，笔者认为下述几个方面值得特别关注。

4.2.1 城市规划领域的思想解放

实行改革开放后，我国城市规划方面的国际交流活动日益增多，从计划经济时期的学习苏联，转向更全面地向西方学习，以西欧、美国等发达国家为代表的现代城市规划思想和理论方法逐

① 周干峙.迎接城市规划的第三个春天[J].城市规划，2002（1）：9-10.

渐引入中国。譬如：1980 年美国女建筑师协会来华学术交流，带来土地分区规划管理（区划法，zoning）的新概念，为我国控制性详细规划制度的建立提供了一定的思想基础；《城市和区域规划》（1985 年）等规划名著的翻译出版，对国内规划界相对系统地了解西方起到了重要的推动作用；与美国、加拿大、日本、荷兰和中国香港等广泛开展的各类学术交流和研讨活动，大大拓展了国内城市规划界的视野。“开放政策对中国城市规划的影响是广泛而深远的，既带来城市规划工作范围、学科领域、信息交流等方面的扩展，也包括思想的活跃和解放。计划经济时期城市规划的‘神秘性’被消除了，某些‘禁区’（如城市和区域的割裂、城市和农村的割裂等）被打破了。”①

4.2.2 城市规划科学研究的繁荣

改革开放初期，1978 年的第三次全国城市工作会议和 1980 年的全国城市规划工作会议是具有里程碑意义的重大事件，而在会议召开之前，国家建委曾在全国各地组织了深入的调查研究和座谈讨论，为有关会议精神的提出提供了充分的科学保障。在机构方面，1982 年城乡建设环境保护部成立时，为加强科研工作而组建中国城市规划设计研究院，同年近 20 个省（自治区、直辖市）相继建立了省一级的规划设计研究机构，均以公益性的规划研究和设计工作为核心任务，重点科研项目包括“全国城乡建设技术政策”“城市规划定额指标”“现代海港城市规划和港区合理布局”等。

① 邹德慈 . 中国现代城市规划发展和展望 [J]. 城市，2002（4）：3-7.

此外，由中组部、中央党校、建设部和中国科协联合主办的市长研究班，自然辩证法研究会主办的“城市发展战略”座谈会，中国建筑学会城市规划学术委员会（中国城市规划学会的前身）举办的中国城市化问题首次主题讨论会，以及《当代中国的城市建设》的编写工作等，均在 1982~1983 年间启动或举办；《城市规划》、《城市规划汇刊》（后改名“城市规划学刊”）、《城市规划研究》（后改名“国外城市规划”“国际城市规划”）、“《城市规划》杂志通讯”（后改名“城市规划杂志通讯”“城市规划通讯”）、《China City Planning Review》和《规划师》等城市规划类重点刊物于 1977~1985 年间相继创刊或复刊。这一时期还有一大批规划著作问世，如以《城市规划原理》（1981 年）为代表的全国统编教材、《城市规划资料集》（1982 年第 1 册，1983 年第 2 册）和《现代海港城市规划》（1985 年）等。正是由于一系列科学研究活动的开展，对于城市规划科学性的提高、城市规划工作机制的改进、规划法制和管理的加强等，起到了内在推动作用。

4.2.3 “先锋城市”的规划探索

在 1980 年代，一批“先锋城市”为适应新形势不断变革需要而进行规划改革探索，对于丰富和完善城市规划的理论和方法，以及推动国家层面的城市规划制度建设，发挥了十分重要的促进作用。例如，以深圳为代表的经济特区规划，改变以往的阶段规划（或静态蓝图规划）为滚动式规划，规划布局和控制指标富有弹性，较好地适应了市场经济复杂多变的新情况；合肥市在新区采取集中统建办法，创造了“统一规划、合理布局、综合开发、配套建设”的“合肥模式”，其指导思想被写入《中华人民共和国城市规划法》；温州市在国内较早启动控制性规划编制工作，在土地出让和转让规划管理方面积累了丰富经验，后建设部专门发文[①]，将温州经验向全国推广，为各地加强对城市土地开发活动的规划管理提供了科学范型。此外，中共中央书记处曾于1980年4月对首都新时期的建设规划问题作出四点重要指示[②]，对改革开放初期各地的城市规划工作也具有重要的政策导向作用。

4.2.4 强有力的体制保障

改革开放后，国家不断加强对城市规划、建设和管理工作的领导，从体制上为城市规划的改革发展创造了积极有利的条件。1979年3月，国家成立直属国家建委领导的国家城市建设总局，下设城市规划局主管全国城市规划工作。1982年5月城乡建设环境保护部成立，下设城市规划局；1984年7月，经国务院同意，城市规划局改由城乡建设环境保护部和国家计委双重领导，在组织上为规划和计划的结合创造了条件，保证了国家宏观的指导计划与城市规划的密切结合。[③]在改革开放初期，环境保护和城镇土地管理职能均在城乡建设环境保护部，具有城市规划、国土规划和环境保护“三位一体”的体制统一属性，规划协调机制顺畅、高效。就各地城市而言，城市规划管理体制方面也有诸多的重大突破，如1983年中共中央、国务院成立首都规划建设委员会，上海、杭州等地相继

---

① 1992年11月，《关于搞好规划加强管理正确引导城市土地出让转让和开发活动的通知》。

② 第一，要把北京建设成为全中国、全世界社会秩序、社会治安、社会风气和道德风尚最好的城市。第二，要把北京变成全国环境最清洁、最卫生、最优美的第一流的城市。第三，要把北京建成全国科学、文化、技术最发达，教育程度最高的第一流的城市。第四，要使北京经济上不断繁荣，人民生活方便、安定。

③ 《当代中国》丛书编辑部．当代中国的城市建设[M]. 北京：中国社会科学出版社，1990：134.

成立由市长负责的城市规划建设委员会[①]等。这些强有力的体制保障，对于保证城市规划的权威性、实现城市规划的综合协调和统一领导等，起到了不可估量的关键作用。

4.2.5 同步推进改革的良好外部环境

良好的外部环境，从而形成配套改革的整体合力，是保证改革开放初期中国城市规划成功转轨的根本所在。1978 年 5 月《光明日报》的一篇评论掀起“实践是检验真理的唯一标准”的大讨论，解脱了人们的思想禁锢，为城市规划领域的思想解放创造了时代条件；1978 年 3 月中共中央召开全国科学大会，在邓小平科技思想指导下，国家作出实施科教兴国战略的重大决策，迎来了科学的春天；1984 年十二届三中全会通过《中共中央关于经济体制改革的决定》，经济体制改革的重点从农村转移到城市，城市经济体制改革和所有制结构调整逐步推进，工农业经济繁荣发展，城乡面貌发生巨变，对外开放步伐不断加快，这一切都为城市规划工作的开展创造了有利条件。正如“真正影响城市规划的，是深刻的政治和经济的变革”（芒福德），城市规划领域的改革绝不可能脱离政治和社会经济领域的改革步伐而“独善其身”或“我行我素”。

4.3 若干重大议题的思考

如上所述，从历史经验来看，城市规划改革离不开外部条件的推动作用，但这种作用主要表现在提供时机和体制环境等外因方面，

---

① 《当代中国》丛书编辑部．当代中国的城市建设[M]. 北京：中国社会科学出版社，1990：138-139.

真正对事物发展起决定性作用的，必然仍在事物自身的内因方面。当前，《中共中央关于全面深化改革若干重大问题的决定》等一系列重要文件的出台及相关实施工作的推进，已经为城市规划改革提供了极为难得的外部条件和契机，尽管我们尚难预测其未来的前景如何，但毫无疑问，城市规划改革发展的命运，已更多地取决于行业自身的思想认识及变革取向方面。为此，需要对当前制约城市规划事业健康发展的若干重大议题凝聚共识，进而谋划一定的战略性举措予以突破，与政治和社会经济改革同步推进，最终实现“全面深化改革”和建设“美丽中国”的共同愿景。

4.3.1　中国特色现代城市规划理论的构建

作为一种公共政策和城市治理手段，城市规划的理论实践与城镇化发展密切相关。纵观英国、德国和美国等典型国家的快速城镇化发展，都为现代城市规划理论的创立提供了生长的“土壤”，这些国家均在城镇化水平达到50%左右的历史时期创立了城市规划理论和社会制度。① 而各国国情条件的差异，又使其现代城市规划理论各具特色，如英国城市规划的公共政策属性十分鲜明，德国“区划法规”开创了现代城市规划理论起源的一个重要分支，美国的城市规划在对社会问题的关注、动态更新规划、公众参与等方面具有显著特色。回顾新中国城市规划事业的发展历程，前30年以学习和模仿“苏联模式”为主，后40年则广泛借鉴欧美等国的规划理论和方法，近70年来的城市规划发展，虽然也在规划体系、规划程序和内容方法上形成一套基本制度，但正如有关学者所言：“一

① 李浩．城镇化率首次超过50%的国际现象观察——兼论中国城镇化发展现状及思考[J]．城市规划学刊，2013（1）：43-50.

流的实践，二手的理论"，城市规划实践与社会经济及城镇化健康发展要求之间存在着显著的差距，适应时代发展诉求的、具有中国特色的现代城市规划理论亟待建立。

4.3.2 城市规划宏观调控职能的加强

我国经济体制改革的目标是建立社会主义市场经济体制，十八届三中全会明确提出"使市场在资源配置中起决定性作用"。[①] 市场经济具有盲目性、滞后性，"科学的宏观调控，有效的政府治理，是发挥社会主义市场经济体制优势的内在要求"。[②] 城市规划是一项政府职能，是城市政府建设城市和管理城市的基本依据，是城市政府对城镇化发展和城市建设进行宏观调控的重要手段。当前，我国城市规划发展存在宏观调控职能不断下降的不良倾向。根据《中华人民共和国城乡规划法》(以下简称《城乡规划法》)的实施评估，城乡规划编制审批过程中的行政干预很多，政府文件、领导指示等凌驾于城乡规划之上的现象时有发生，这也是各地反映最为突出的一个问题。[③] 以昆明市为例，对于部分省级部门和驻昆部队在项目建设中屡屡不服从城市规划管理的严重违规行为，居然发展到要以省委、省政府的名义下发通知并召开专门的动员大会来加以整顿[④]，足见城乡规划的权威性所面临的巨大挑战。法律的权威就是国家的权威，法律若没有尊严，实际上是国家的宏观调控能力下降的反

---

① 中共中央关于全面深化改革若干重大问题的决定[M]. 北京：人民出版社，2013：5.

② 中共中央关于全面深化改革若干重大问题的决定[M]. 北京：人民出版社，2013：16.

③ 王凯，李浩等.《城乡规划法》实施评估及政策建议——以西部地区为例[J]. 国际城市规划，2011（5）：90-97.

④ 张文凌，刘子倩. 强势部门的违规项目成昆明规划难题[N/OL]. 中国青年报，2009-07-27. http：//zqb.cyol.com/content/2009-07/27/content_2774691.htm

映[①]。在社会主义市场经济条件下,如果城市规划的宏观调控职能不能得到切实加强，城市规划的社会作用和社会价值必然难以得到切实发挥。

4.3.3 规划体系的优化

《城乡规划法》确立了从城镇体系规划、城市规划、镇规划到乡规划和村庄规划的新型城乡规划体系，这一规划体系突出体现了一级政府、一级规划、一级事权的规划编制要求和城乡统筹的基本理念，这是我国城市规划体系发展的重要特色。但是，在实践中也存在着一些突出问题。一方面，由于在国家层面上尚缺少有关城乡规划与国民经济和社会经济发展规划、区域规划、主体功能区规划及土地利用总体规划等相互关系的总体性制度设计，导致这些规划之间互不衔接甚至相互矛盾的现象时有发生。相关规划互不衔接，严重削弱了城乡规划的权威性和实效性。[②]另一方面，我国的政府体制具有较强的包含或交叉特征，如在城市政府相应的城市规划区内，下面还有区级和乡镇级政府，根据一级政府、一级规划、一级事权的原则，它们都有相应的规划权，在规划事权并不明晰的情况下,以某一级规划的编制突破上一级规划要求的现象已屡见不鲜。[③]另就许多特殊管理区域而言，如“自然保护区”“风景名胜区”“旅游度假区”“历史文化保护区”等，其空间范围相互交叉的现象也十分常见，且多依据不同的法律法规编制了各不相同的规划。由于

---

① 葛洪义．法理学[M]. 北京：中国政法大学出版社，2002：297.

② 王凯，李浩等．《城乡规划法》实施评估及政策建议——以西部地区为例[J]. 国际城市规划，2011（5）：90-97.

③ 同上．

对各类相关规划之间相互关系“顶层设计”的缺失，实践中“各自为政”“莫衷一是”的现象层出不穷。

4.3.4 城市规划科学研究的加强

当前，城镇化发展已成为事关国家社会经济发展的重大战略问题，但尚存在亟待研究和解决的诸多问题。作为促进城镇化健康发展的重要手段，城市规划工作需要统筹解决近期和远期、局部和整体，自然、经济和社会等多方面的问题和矛盾，具有既不同于自然学科，也显著有别于人文和社会学科的独特学科特性。学科特点决定了城市规划必须重视和加强科学研究，特别是基础性、战略性问题的研究工作。纵观新中国的发展历程,城市规划的每一个“春天”，都有科学研究繁荣的社会背景依托；国内大量的城市规划设计研究机构，其之所以建立也大多是基于加强科学研究的初衷。当前城市规划工作中存在着忽视或无视科学研究工作的突出问题，不仅公益性基础研究十分薄弱，而且城市规划科学研究的投入和评价机制缺失；目前国家级的科学研究基金虽然名目众多，但评价机制尚不能很好地针对城市规划的学科特点；一些规划设计单位内部虽然有一些规划研究的激励政策，但却更多地出于推动单位自我发展的“功利性”目的，对行业发展的促进作用有限。

4.3.5 城市规划市场秩序的整顿

改革开放后我国城市规划的市场化发展，造就了城市规划的广阔舞台和创新动力，但过分以市场为导向、以经济效益为中心的发展模式，也导致了城市规划宏观调控能力持续下降、漠视自然环境和社会公平代价、科学研究工作极为被动及规划师精神世界扭曲、职业道德下降等诸多问题。就规划设计及咨询服务而言，在招投标等运行机制下，城市规划市场已经出现“按质论价”的新格局，而“谷贱伤农”，长期的收费低迷，损害的是行业本身[①]；由于利益链条的分配和监督机制的缺失，规划市场中的“转包”“盖章”（借用“资质”）等乱象丛生。此外，还有诸多“迷信”于国外规划机构和“国际招标”的城市领导，一些“假洋鬼子”甚至业外人士打着“国际知名规划大师”旗号“趁火打劫”，其不良影响不仅在于委托方的实际利益受损，更在于更深层次上对城市规划行业整体的社会声誉的败坏。“在某些情况下，城市规划已成为权钱交易的‘中介’。规划图纸可以使官商夺地牟利的计谋合法化。”[②] 在未来城市规划发展过程中，只有对城市规划的市场秩序进行大刀阔斧的整顿，才能为城市规划的长期持续稳定发展创造可能。

4.3.6 市民城市规划意识的普及

城市规划只有被接受，才能被遵守。城市规划的编制和实施工作，不只是简单的法律文本普及阅读及法律规则的执行过程，而是一种现代城市规划思想的社会化过程，是涉及各方面关系和多方面利益的深层的社会制度重构过程，其实践效果在根本上取决于城市规划精神的社会内化程度。随着我国城镇化水平首次超过 50% 而迈入城市型社会，人们生活方式和经济社会结构发生了深刻变化，以 2007 年厦门 PX 事件等为标志，市民社会意识得到不断发展，必将成为国家民主和法制建设进程中不可或缺的重要力量。尽管规划委员会和公众参与制度在近些年得到较快发展，但它们作为一种“制

---

① 王富海发言 [A]// 赵知敬 . 市场开放下的城市规划服务 [J]. 城市规划，2007（11）：37-39.

② 金经元 . 生态的警示与以地生财的盛宴 [J]. 城市规划，2006（10）：64-68，79.

度内”的制度设计，在制衡政府权力方面存在固有局限性[①]，市民和公众在城市规划活动中的重要作用尚未充分发挥。市民社会意识是制约和限制人治的重要自觉力量，只有广大市民的城市规划意识得到某种程度的提高，全社会具有了一种广泛基础的市民文化，达成某种共识，城市规划的社会价值才能得到更充分的实现。

4.4　推进城市规划改革的断想

4.4.1　研究制定国家“规划法”，理顺城市规划工作的内外部机制关系

《城乡规划法》是指导、规范和约束城乡规划建设行为的基本法和主干法，当前城乡规划工作所面临的种种问题和困难，不能不从法律层面去剖析其症结所在并谋划相应对策。在现实生活中，立法往往成为各部门主导之下的圈占利益的行为，法律亦成为争权夺利的工具[②]；“行政立法部门化”严重损害法律权威，破坏国家法制统一，阻碍社会主义法治建设[③]。在这样的社会法制环境中，《城乡规划法》也存在着逐步演变为“建设或规划部门的法律”的不良倾向。早在2003~2004年，建设部曾为《城乡规划法》的修订而开展“城乡规划与相关规划的关系研究”，课题对我国经法律授权编制的83种规划进行了较为系统的梳理，指出“从法律授权的角度分析，城乡规划具有十分重要的地位，其作用和地位是与国民经济和社会发展计划

---

① 李浩．生态导向的规划变革——基于“生态城市”理念的城市规划工作改进研究[M]．北京：中国建筑工业出版社，2013：149-151．

② 单文峰．部门化立法浅议[J]．法制与社会，2013（10）：21-22．

③ 刘细良．论“行政立法部门化”及其防范[A]．“构建和谐社会与深化行政管理体制改革”研讨会暨中国行政管理学会2007年年会论文集[C]．武汉，2007：533-536．

不相上下的，但是，由于法律对于城乡规划的实施主体的规定不明确、法律惩处办法不合理，影响了城乡规划应有的法律地位”，强调“城乡规划工作是从中央到地方各级人民政府的事情，而不只是建设或规划行政主管部门的责任”，并建议“从长远看，应该起草统一的《中华人民共和国规划法》，统一协调和规范各类规划的编制工作，在中央和地方事权合理划分的基础上搭建国家规划体系”。[①] 而在同一时期，国家发改委也曾为促进规划工作的法制化而启动《规划编制条例》起草工作[②]，但却由于种种原因而搁浅。中央城镇化工作会议明确提出“建立空间规划体系，推进规划体制改革，加快规划立法工作”[③]，这不能不说是为《城乡规划法》与相关规划的法律关系协调提供了新的契机。我们期待有关立法者真正能够站在国家整体利益的高度，切实摒弃部门之间或部门利益，对与城市规划相关但其性质又显著不同的各类规划行为进行有效规范，理顺内外关系，为城市规划工作营造良好的外部环境，促进新型城镇化的健康发展。

4.4.2 组建“中国城市研究院”，形成“四大院”的“国家思想库”智囊格局

城镇化是一项重大的社会系统工程，各类城乡发展问题单靠一两门学科难以解决，必须通过城市科学的综合研究，统筹协调，科学决策。当前，我国已形成中国科学院、中国工程院和中国社会科学院“三足鼎立”，国务院发展研究中心、中国国际经济交流中心

---

① 中国城市规划设计研究院 . 城乡规划与相关规划的关系研究 [R]. 建设部城乡规划司委托课题报告，2004-02.

② 国家发改委对“十一五”研究课题公开招标 [N/OL]. 中国网，2003-09-28. http://www.china.com.cn/chinese/2003/Sep/413106.htm

③ 中央城镇化工作会议在北京举行 [N/OL]. 新华网，2013-12-14. http://news.xinhuanet.com/video/2013-12/14/c_125859839.htm

和国家发改委宏观经济研究院等“多元并举”的国家智囊格局，加上各类民间智库，从事城镇化研究的相关机构不胜枚举。然而，由于城镇化和城乡发展问题及对象的特殊性，具有既不同于自然科学，也不同于工程技术或社会科学的独特属性，一些机构有关城镇化的研究不可避免地存在这样或那样的不足（尤其表现在最基本的空间概念的缺失），而相关研究成果的纷繁芜杂、观点主张的“五花八门”则又给国家领导人的科学决策形成制约。面对新型城镇化的紧迫任务，建立起相对专门化的国家级城镇化智库机构已成为现实的发展要求。

鉴于城镇化问题和矛盾的核心在于空间利益协调，基本应对手段在于科学的城乡规划，可考虑以城镇化研究方面技术力量最雄厚的中国城市规划设计研究院为基础，整合相关力量，共同筹建国家层面城镇化发展和城市规划领域高层次的、公益性的综合研究机构——中国城市研究院，从而形成“四大院”（中国科学院、中国工程院、中国社会科学院、中国城市研究院）的“国家思想库”智囊格局。为解决当前规划单位普遍存在的依靠地方政府规划编制经费维持运转的“内在伦理错位”及种种弊端[①]，所设想的中国城市研究院宜采取国家财政全额支持的“公益”体制，可直属国务院领导，其主要职能一方面是涉及国家发展战略和社会公共利益等有关重大问题的基础科学和战略研究，另一方面可承担跨省区空间规划、国务院审批城市总体规划及贫困、受灾等特殊地区的指令性规划编制任务。此举旨在城市规划市场化发展的大背景下，使城镇化与城市规划的科

---

① 城市规划作为一种职业活动，其服务的对象，即通常所说的“甲方”，是城市政府；然而，城市规划技术文件试图要管控的对象，归根到底也是城市政府的行为活动。当规划师认识到地方发展实际中存在的巨大问题时，出于收取规划费等既得利益考量，城市规划科学性的底线往往难以坚守，不得不做出各种妥协选择。

学研究得到切实的加强，为国家层面的科学决策提供有力支撑。

4.4.3 加强二级学科建设，完善“城乡规划学”学科体系

2011年“城乡规划学”已正式升格为国家一级学科，这是继2005年《国家中长期科学和技术发展规划纲要（2006~2020）》首次将“城镇化和城市发展”列为重要领域之后，我国城市规划学科发展的另一重大事件，对于推进中国城乡规划的理论与实践发展具有重要的划时代意义。而一门学科之所以成立，学科知识体系的合理结构十分重要，落实到学科分类上，就是在城乡规划学一级学科之下如何设置二级学科的问题。[①] 从当前的城乡规划学二级学科设置方案来看，主要包括区域发展与规划、城乡规划与设计、住房与社区建设规划、城乡发展历史与遗产保护规划、城乡生态环境与基础设施规划、城乡规划管理6个方面，仍存在诸多有待改进之处，譬如考虑到城市规划的实践性学科特点及新中国60多年来极为丰富的规划实践，应加强城市规划历史与理论的总结与研究；针对中国农村人口众多、村镇规划建设问题突出等现实国情，应加强乡村规划学科建设等。由于二级学科主要由学位授予单位主导而实行相对自由的“报备制”[②]，一方面应鼓励不同高校基于自身的资源和优势，建立起具有自身特色的城市规划教育体系，另一方面，则应着眼于“城乡规划学”发展的整体视角，加强整体性的谋划和统筹协调，进一步完善和优化学科体系，避免“一盘散沙”式的盲目无序发展。

---

① 本刊编辑部. 着力构建“城乡规划学”学科体系——城乡规划一级学科建设学术研讨会发言摘登[J]. 城市规划，2011（6）：9-20.

② 赵万民等. 关于“城乡规划学”作为一级学科建设的学术思考[J]. 城市规划，2011（6）：46-54.

4.4.4 推进“注册城市规划师”责任制度建设，强化城市规划工作的严肃性

执业资格制度是政府对某种责任重大、社会通用性强、关系公共安全利益的专业技术工作实行的市场准入控制。[①]我国自 2000 年实施注册城市规划师执业资格认证制度以来，通过考试并经注册登记取得《注册城市规划师登记证》和《注册城市规划师注册证》的人数已超过 11700 多人。[②]然而，我国注册城市规划师执业资格仅在规划编制单位资质等级评定、设计单位人才数量或是规划师个人职业晋升等方面具有一定指标意义，与同类注册执业资格制度（如注册建筑师执业资格制度等）相比，注册城市规划师并没有如同注册建筑师一样的签名权，其在专业工作中的具体执业范围、签字范围、监督检查效力、相关法律责任关系等也未得到明确规定。[③]这就致使“注册城市规划师”充其量不过是一个没有什么实质意义的“名片”而已，未能发挥其应有的规范城市规划市场秩序的制度性作用。在注册城市规划师执业资格制度施行 10 余年之际，有必要对这一制度的实际效果进行深刻的反思和检讨，切实建立起“注册城市规划师”的权利、义务和责任追究制度，只有这样，才能强化城市规划工作的严肃性，提高执业人员的素质，提高城市规划管理、设计水平。

---

① 李丹，梁炳强．关于注册城市规划师执业资格制度的若干思考 [J]. 城市规划学刊，2010（7）：83-87.

② 夏南凯等．我国注册城市规划师执业资格制度实施面临的问题与对策研究 [J]. 规划师，2010（8）：77-81.

③ 李丹，梁炳强．关于注册城市规划师执业资格制度的若干思考 [J]. 城市规划学刊，2010（7）：83-87.

4.4.5 完善“城市规划（设计）大师”评选制度，促进城市规划人才发展

大师，即在学问或艺术上有很深造诣，为大家所尊崇的人（《现代汉语词典》），他们或为学术领域的导师，或为艺术领域的灵魂，也或为管理的标杆。城市规划大师，也就是在城市规划行业发展中涌现出来的一些杰出代表或精神偶像，他们具有“独立之精神，自由之思想”，或对行业发展有杰出的贡献，对推动城市规划事业的发展有重要的标杆意义和带动作用。“大道不通，小道行焉；正气不盛，邪气将炽”。[①] 作为一种“国家荣誉”，大师是对一个人文化贡献的价值肯定，其深层的制度意义则在于提出一套不被市场和金钱规则所左右的价值体系。[②] 在 1990 年 12 月召开的全国设计工作大会上，我国老一辈城市规划专家任震英先生，曾作为兰州城市规划工作的创业者及多轮兰州城市总体规划的主持人，被授予首批中华人民共和国工程设计大师称号。但遗憾的是，此后 20 余年间，我国城市规划界长期没有人获得此项荣誉。直到 2016 年，在住房城乡建设部有关领导的鼎力支持下，才有杨保军、吴志强和段进等规划工作者入选第八批全国工程勘察设计大师。[③] 城市规划是一门复杂性科学，虽然其基本原理大多属于常识，但面对具体的现实问题和各种错综复杂的矛盾，则往往难以综合协调和科学决策，更需要有大师类的人物来凝聚行业精神和弘扬科学正气。因此，有必要进一步完善“城市规划（设计）大师”评选制度，健全相关工作制

---

① 王兆鹏 . 国家荣誉制度呼唤大家与大师 [J]. 政工研究动态，2008（4）：7-9.

② 同上 .

③ 住房城乡建设部关于公布第八批全国工程勘察设计大师名单的公告 [N/OL]. 2016-12-30[2018-10-26]. http：//www.mohurd.gov.cn/wjfb/201612/t20161230_230168.html

度与机制，使城市规划行业发展中的一些杰出代表能够脱颖而出，引导业界同行朝着共同认可和共同追求的城市规划精神而开拓前进，推动整个城市规划行业的繁荣、发展和进步。

4.4.6 建立“社区规划师”制度，扶持自下而上的市民规划力量

受计划经济时期“苏联模式”的影响，我国城市规划工作长期具有突出的自上而下的指令性特征，如何扶持自下而上的规划力量是培育城市规划内生动力的关键所在。从国际经验来看，伴随1960 年代英、美等发达国家兴起的社区建设运动，“社区规划师”（Community Planner）开始出现并从规划师行业中分化出来，成为专门从事社区规划的专业规划人群或机构。[①] 从城市规划的角度，通过导入社区规划师角色，为公众在城市规划中的全面、有效参与提供了一条可行的路径，同时也是城市规划从工程技术向公共政策转型、从精英型规划向社会型规划转型的一种探索。[②] 社区规划师的角色乃介于政府与民众之间，作为“公众参与的倡导者”，可以更好地促进居民参与到城市规划中来，进而推进社区居民的自我治理，提高公众参与的质量和效果，推动市民规划意识的普及。在未来城市规划发展过程中，如何结合我国的特殊国情与体制条件，有创造性地探索一些可行的运作模式，推动城市规划公众参与向纵深发展，对于推动城市规划改革的意义至关重大。为此，期待一些具有政治智慧的领导者与具有社会责任感的规划师联手，大胆改革和实验。

---

① 王婷婷，张京祥．略论基于国家—社会关系的中国社区规划师制度 [J]. 上海城市规划，2010（5）：4-9.

② 同上．

索引

主要参考文献

[1] 《当代中国》丛书编辑部 . 当代中国的城市建设 [M]. 北京 : 中国社会科学出版社，1990.

[2] 北京市城市规划管理局，北京市城市规划设计研究院党史征集办公室 . 组织史资料（1949–1992）[R]. 1995.

[3] 陈占祥教授谈城市设计 [J]. 城市规划，1991（1）: 51–54.

[4] 陈占祥译 . 城市设计 [J]. 城市规划研究，1983（1）: 4–19.

[5] 城市建设部办公厅 . 城市建设文件汇编（1953–1958）[R]. 北京，1958.

[6] 单文峰 . 部门化立法浅议 [J]. 法制与社会，2013（10）: 21–22.

[7] 国家城市建设总局办公厅 . 城市建设文件选编 [R]. 北京，1982.

[8] 胡序威 . 区域与城市研究（增补本）[M]. 北京 : 科学出版社，2008.

[9] 金经元 . 生态的警示与以地生财的盛宴 [J]. 城市规划，2006（10）: 64–68，79.

[10] 经济资料编辑委员会 . 苏联国民经济计划工作的实践 [M]. 北京 : 财政经济出版社，1955 : 5.

[11] 李百浩，郭建 . 中国近代城市规划与文化 [M]. 武汉 : 湖北教育出版社，2008.

[12] 李浩 . 八大重点城市规划——新中国成立初期的城市规划历史研究 [M]. 北京 : 中国建筑工业出版社，2016 : 132.

[13] 李浩 . 城镇化率首次超过 50% 的国际现象观察——兼论中国城镇化发展现状及思考 [J]. 城市规划学刊，2013（1）: 43–50.

[14] 李浩 . 历史回眸与反思——写在“三年不搞城市规划”提出 50 周年之际 [J]. 城市规划，2012（1）: 73–79.

[15] 李浩 . 生态导向的规划变革——基于“生态城市”理念的城市规划工作改进研究 [[M]. 北京 : 中国建筑工业出版社，2013.

[16] 李浩 . 苏联专家穆欣与新中国首次城市建设座谈会（上）[J]. 北京规划建设，2018（3）: 163–165.

[17] 李浩 . 苏联专家穆欣与新中国首次城市建设座谈会（下）[J]. 北京规划建设，2018（4）: 161–163.

[18] 李浩 . 我国空间规划发展演化的历史回顾 [J]. 北京规划建设，2015（3）: 163–170.

[19] 李浩访问 / 整理 . 城 · 事 · 人——新中国第一代城市规划工作者访谈录（第一辑）

[M]. 北京：中国建筑工业出版社，2017.

[20] 李浩访问 / 整理 . 城・事・人——新中国第一代城市规划工作者访谈录（第二辑）[M]. 北京：中国建筑工业出版社，2017.

[21] 李浩访问 / 整理 . 城・事・人——新中国第一代城市规划工作者访谈录（第三辑）[M]. 北京：中国建筑工业出版社，2017.

[22] 李浩访问 / 整理 . 城・事・人——城市规划前辈访谈录（第四辑）[M]. 北京：中国建筑工业出版社，2017.

[23] 李浩访问 / 整理 . 城・事・人——城市规划前辈访谈录（第五辑）[M]. 北京：中国建筑工业出版社，2017.

[24] 刘国光 . 中国十个五年计划研究报告 [M]. 北京：人民出版社，2006.

[25] 苏联国民经济建设计划文件汇编——第一个五年计划 [M]. 北京：人民出版社，1955：30-31，50.

[26] 苏联中央执行委员会附设共产主义研究院 . 城市建设 [M]. 建筑工程部城市建设总局译 . 北京：建筑工程出版社，1955：70.

[27] 孙施文 . 城市规划不能承受之重——城市规划的价值观之辨 [J]. 城市规划学刊，2006（1）：11-17.

[28] 陶宗震 . 对贾震同志负责城建工作创始阶段的回忆 [R]. 1995-01-26. 吕林提供 .

[29] 汪德华 . 中国城市设计文化思想 [M]. 南京：东南大学出版社，2009. 前言 .

[30] 王军整理 . 陈占祥晚年口述 [M]. 陈占祥等 . 建筑师不是描图机器—— 一个不该被遗忘的城市规划师陈占祥 . 沈阳：辽宁教育出版社，2005：36.

[31] 王凯，李浩等 .《城乡规划法》实施评估及政策建议——以西部地区为例 [J]. 国际城市规划，2011（5）：90-97.

[32] 王婷婷，张京祥 . 略论基于国家—社会关系的中国社区规划师制度 [J]. 上海城市规划，2010（5）：4-9.

[33] 武廷海 . 六朝健康规画 [M]. 北京：清华大学出版社，2011：15.

[34] 夏南凯等 . 我国注册城市规划师执业资格制度实施面临的问题与对策研究 [J]. 规划师，2010（8）：77-81.

[35] 张兵 . 城市规划理论发展的规范化问题——对规划发展现状的思考 [J]. 城市规划学刊，2005（2）：21-24.

[36] 张奇云．城市规划设计事业单位改革中的人力资源危机探析［J］．当代经济，2013（12）：56-57.

[37] 赵万民等．关于"城乡规划学"作为一级学科建设的学术思考［J］．城市规划，2011（6）：46-54.

[38] 中共中央关于全面深化改革若干重大问题的决定［M］．北京：人民出版社，2013.

[39] 中共中央文献研究室．改革开放三十年重要文献选编［M］．北京：中央文献出版社，2008.

[40] 中国城市规划设计研究院．城乡规划与相关规划的关系研究［R］．建设部城乡规划司委托课题报告，2004-02.

[41] 中国社会科学院，中央档案馆．1949-1952 中华人民共和国经济档案资料选编（基本建设投资和建筑业卷）［M］．北京：中国城市经济社会出版社，1989.

[42] 中国社会科学院，中央档案馆．1953-1957 中华人民共和国经济档案资料选编（固定资产投资和建筑业卷）［M］．北京：中国物价出版社，1998.

[43] 中华人民共和国国民经济和社会发展计划大事辑要（1949-1985）［M］．北京：红旗出版社，1987.

[44] 中华人民共和国中央政府机构（1949-1990 年）［M］．北京：经济科学出版社，1993.

[45] 周干峙．迎接城市规划的第三个春天［J］．城市规划，2002（1）：9-10.

[46]《住房和城乡建设部历史沿革及大事记》编委会．住房和城乡建设部历史沿革及大事记［M］．北京：中国城市出版社，2012.

[47] 邹德慈．试论现代城市规划的三个重要支柱［J］．城市规划．1991（2）：19-22.

[48] 邹德慈．中国现代城市规划发展和展望［J］．城市，2002（4）：3-7.